普通高校“十三五”实用规划教材——公共基础系列

概率论与数理统计(经管类)

(第2版)

张　良　纪德云　主　编

邵东南　马丽萍　副主编

清华大学出版社

北　京

内 容 简 介

本书是根据教育部有关的教学大纲及最新全国硕士研究生入学统一考试(数学三)大纲的要求，总结编者多年讲授“概率论与数理统计”课程的实践经验编写而成的。

全书由两大部分组成：第一部分介绍了随机事件及其概率、随机变量及其分布、多维随机变量及其分布、随机变量的数字特征以及大数定律与中心极限定理等概率论的基础理论，第二部分介绍了样本分布、参数估计、假设检验等数理统计的基础知识。

本书在语言叙述上力求深入浅出、通俗易懂，在内容编排上力求层次清晰、简明扼要，在例题与习题选取上力求少而精。本书可作为经济管理类本科生“概率论与数理统计”课程的教材使用。

图书在版编目(CIP)数据

概率论与数理统计(经管类)/张良，纪德云主编. —2版. —北京：清华大学出版社，2017（2023.8重印）
(普通高校“十三五”实用规划教材——公共基础系列)
ISBN 978-7-302-47856-0

Ⅰ. ①概… Ⅱ. ①张… ②纪… Ⅲ. ①概率论—高等学校—教材 ②数理统计—高等学校—教材 Ⅳ. ① O21

中国版本图书馆 CIP 数据核字(2017)第 174574 号

责任编辑：秦　甲
封面设计：刘孝琼
责任校对：吴春华
责任印制：朱雨萌
出版发行：清华大学出版社
　　网　　址：http://www.tup.com.cn, http://www.wqbook.com
　　地　　址：北京清华大学学研大厦 A 座　　**邮　　编：**100084
　　社 总 机：010-83470000　　**邮　　购：**010-62786544
　　投稿与读者服务：010-62776969, c-service@tup.tsinghua.edu.cn
　　质量反馈：010-62772015, zhiliang@tup.tsinghua.edu.cn
　　课件下载：http://www.tup.com.cn, 010-62791865
印 装 者：三河市铭诚印务有限公司
经　　销：全国新华书店
开　　本：185mm×260mm　　**印　张：**10.5　　**字　　数：**252 千字
版　　次：2015 年 4 月第 1 版　2017 年 8 月第 2 版　　**印　　次：**2023 年 8 月第 7 次印刷
定　　价：31.00 元

产品编号：075039-01

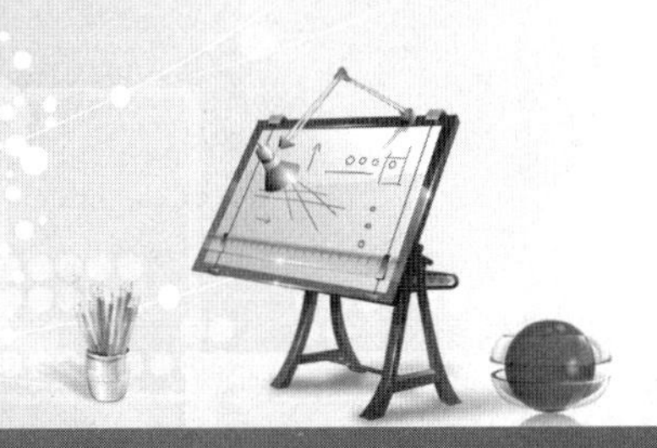

前 言

著名数学家拉普拉斯说："生活中最重要的问题，其中绝大多数在实质上只是概率问题。"

自然界充满了不确定现象，即随机现象，概率论就是研究大量随机现象数量规律性的科学。数理统计则以概率论为基础，是一门研究怎样去有效地收集、整理和分析带有随机性的数据，以对所考察的问题做出推断或预测的科学。

概率统计理论与方法的应用几乎遍及自然科学与社会科学的各领域中，尤其与金融、证券、投资、计量经济学等学科相互渗透或结合。因此，概率论与数理统计已成为经济管理类专业学生必修的一门重要基础课，被列为硕士研究生入学考试课程。通过本课程的学习，学生应掌握概率论与数理统计的基本思想与方法，具备一定的分析与解决实际问题的能力。

本书是根据教育部有关的教学大纲及最新全国硕士研究生入学统一考试(数学三)大纲的要求，总结编者多年讲授"概率论与数理统计"课程的实践经验编写而成的。本书是对2015 年 4 月第 1 版的修订，修正了第 1 版的一些错误与不妥之处，并基本保持了第 1 版的风格与体系。

本书在编写过程中力求：①注重概率统计基本思想与方法的介绍；②内容精练，结构完整，推理简明，通俗易懂；③语言叙述深入浅出，便于自学；④例题选取做到少而精；⑤注重应用。

全书由两部分组成：第一部分(第 1～5 章)主要介绍概率论的基础理论，第二部分(第6～8 章)主要介绍数理统计的基础知识。

参加本版修订工作的有张良(执笔第 1、2 章)、马丽萍(执笔第 3、5 章)、邵东南(执笔第 4、6 章)、纪德云(执笔第 7、8 章)，张良与纪德云修改定稿。在修订过程中，承蒙程从沈的大力帮助，在此表示衷心感谢！

由于编者水平有限，书中难免还有不足之处，敬请读者批评指正。

编 者

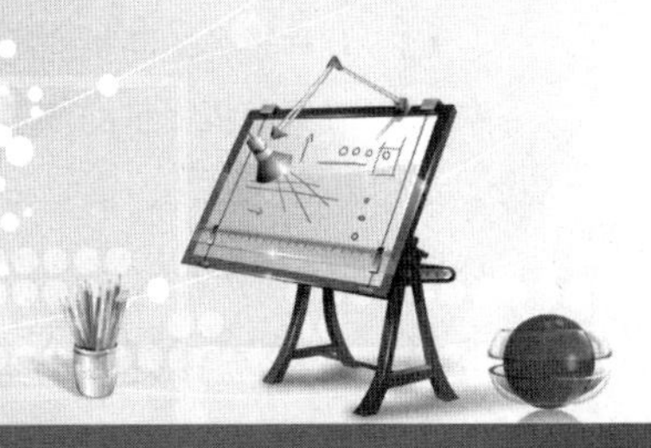

目　录

第 1 章　随机事件及其概率 1

1.1　随机事件 1

1.2　排列与组合 3

1.3　随机事件的概率 6

1.4　古典型概率与几何型概率 8

1.5　条件概率 10

1.6　事件的独立性 13

小结 15

阶梯化训练题 19

第 2 章　随机变量及其分布 25

2.1　随机变量 25

2.2　离散型随机变量及其分布 25

2.3　随机变量的分布函数 29

2.4　连续型随机变量及其分布 30

2.5　随机变量函数的分布 36

小结 37

阶梯化训练题 41

第 3 章　多维随机变量及其分布 45

3.1　多维随机变量 45

3.2　二维离散型随机变量的分布 47

3.3　二维连续型随机变量的分布 50

小结 57

阶梯化训练题 61

第4章　随机变量的数字特征......65
4.1　随机变量的数学期望......65
4.2　随机变量的方差......69
4.3　几种重要的随机变量的数字特征......71
4.4　二维随机变量的数字特征......72
小结......74
阶梯化训练题......77
第5章　大数定律和中心极限定理......81
5.1　大数定律......81
5.2　中心极限定理......82
小结......85
阶梯化训练题......86
第6章　样本分布......89
6.1　总体、个体和样本......89
6.2　常用统计量的分布......90
小结......94
阶梯化训练题......96
第7章　参数估计......99
7.1　点估计......99
7.2　估计量的优劣标准......102
7.3　区间估计......104
小结......106
阶梯化训练题......108
第8章　假设检验......111
8.1　基本原理......111
8.2　单正态总体的假设检验......111
小结......113
阶梯化训练题......114
阶梯化训练题答案......117
附录　几种常用分布的分布表......129
参考文献......159

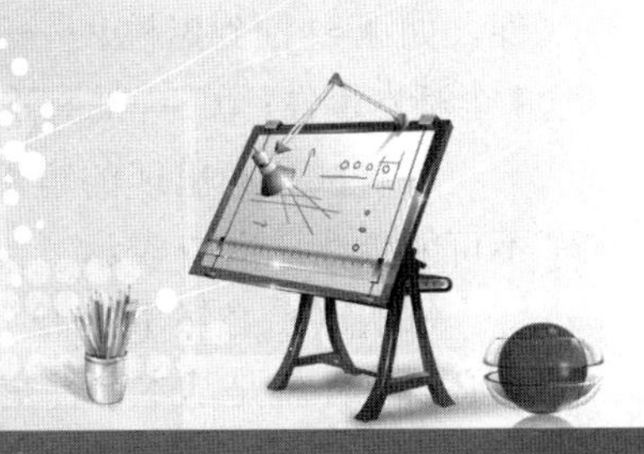

第1章　随机事件及其概率

1.1　随机事件

在自然界和人们的日常活动中经常会遇到许多现象，这些现象大体可分为两类，一类叫必然现象，另一类叫随机现象。所谓必然现象，是指在一定条件下一定会出现或一定不会出现的现象。例如，在标准大气压下纯水加热到 100℃就会沸腾，近距离的异性电荷会相互吸引，像这样由条件可以确定结果的现象就是必然现象。所谓随机现象，是指在一定条件下可能出现也可能不出现的现象。例如，抛一枚硬币使其正面朝上，从 54 张混放的扑克牌中任意抽取一张抽得“大王”，像这样即使条件确定结果仍然不能确定的现象就是随机现象。

凡是对随机现象的观察或为此而进行的试验都称为随机试验，简称为试验，记作E。随机试验与其他试验有什么区别呢？随机试验E一定具备下列三个特征。

(1) 试验E可以在相同的条件下重复进行。

(2) 试验E的所有可能出现的结果都是已知的。

(3) 在每次试验前不知道这次试验将会出现哪一个结果。

做一次试验，随机现象是否出现具有偶然性，如果做大量重复试验，随机现象的出现可能会呈现一定规律。概率论与数理统计就是研究随机现象数量规律性的一门科学。

1. 随机事件的基本概念

随机试验E的每一个可能出现的结果称为基本事件或样本点，用ω表示。所有的基本事件组成的集合称为基本事件空间或样本空间，用Ω表示。由若干个基本事件组成的集合称为随机事件，简称事件，用大写英文字母A,B,C等表示，显然它是基本事件空间的一个子集合。

随机事件A出现，当且仅当A中的某一个基本事件ω出现。

例 1-1 随机试验E——掷硬币观察其面。其基本事件是“出现正面”和“出现反面”，基本事件空间是$\Omega=\{$“正面”，“反面”$\}$。

例 1-2 随机试验E——从 54 张混放的扑克牌中随机抽取一张，观察抽到哪一张牌。

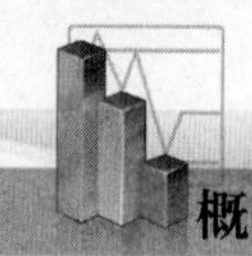

其基本事件是“黑桃A”，“黑桃2”，…，“红桃A”，“红桃2”，…；共54个基本事件。将所有基本事件组成一个集合，$\Omega=\{$“黑桃 A”，“黑桃 2”，…，“红桃A”，“红桃 2”，…$\}$，称为基本事件空间。称由一部分基本事件组成的集合为随机事件。如$A=\{$抽到黑桃$\}$——事件A中含有13个基本事件；$B=\{$抽到5$\}$——事件B中含有4个基本事件；$C=\{$抽到王$\}$——事件C中含有两个基本事件。

每次试验都出现的事件称为必然事件，用Ω表示；每次试验都不会出现的事件称为不可能事件，用Φ表示。

每次试验必然事件Ω都会出现，所以必然事件包含随机试验E的所有基本事件，因此必然事件就是基本事件空间，它们用同一符号Ω表示。

2. 事件的关系和运算

(1) 事件的包含：若事件A出现，必然导致事件B出现，即A中的所有基本事件都在B中，则称B包含A，记作$A\subset B$或$B\supset A$。

(2) 事件的相等：若$A\subset B$且$B\subset A$，则称A与B相等，记作$A=B$。

(3) 事件的和(并)：$A+B=A\cup B=\{$事件A与B至少出现一个$\}$，即

$$A+B=\{\omega|\omega\in A\text{或}\omega\in B\}$$

$$\sum_{k=1}^{n}A_k=\bigcup_{k=1}^{n}A_k=A_1+A_2+\cdots+A_n=\{A_1,A_2,\cdots,A_n\text{至少出现一个}\}$$

$$=\{\omega|\omega\in A_1\text{或}\omega\in A_2\text{或}\cdots\text{或}\omega\in A_n\}$$

$$\sum_{k=1}^{\infty}A_k=\bigcup_{k=1}^{\infty}A_k=A_1\cup A_2\cup\cdots\cup A_n\cup\cdots=\{\omega\mid\omega\in A_1\text{或}\omega\in A_2\text{或}\cdots\text{或}\omega\in A_n\text{或}\cdots\}$$

(4) 事件的积(交)：$AB=A\cap B=\{$事件A与B都出现$\}$，即

$$AB=\{\omega|\omega\in A\text{且}\omega\in B\}$$

$$\bigcap_{k=1}^{n}A_k=A_1A_2\cdots A_n=\{A_1,A_2,\cdots,A_n\text{都出现}\}=\{\omega|\omega\in A_1\text{且}\omega\in A_2\text{且}\cdots\text{且}\omega\in A_n\}$$

$$\bigcap_{k=1}^{\infty}A_k=A_1A_2\cdots A_n\cdots=\{\omega|\omega\in A_1\text{且}\omega\in A_2\text{且}\cdots\text{且}\omega\in A_n\text{且}\cdots\}$$

(5) 事件的差：$A-B=\{$事件A出现但事件B不出现$\}$，即$A-B=\{\omega\in A\text{但}\omega\notin B\}$。

(6) 事件的互斥(互不相容)：若事件A与B不能同时出现，即$AB=\Phi$，则称A与B互斥(互不相容)。

(7) 事件的逆(对立事件)：若事件A与B必然有一个出现，而且仅有一个出现，即A,B满足

$$A+B=\Omega,\ AB=\Phi$$

则称事件A与事件B互为逆事件(对立事件)。

事件A的逆事件记作$\overline{A}$，它表示事件A不出现，即

$$\overline{A}=\{\omega|\omega\notin A,\ \omega\in\Omega\}$$

[注] ① $A+\overline{A}=\Omega$，$A\overline{A}=\Phi$。

② $\overline{A}=\Omega-A$。

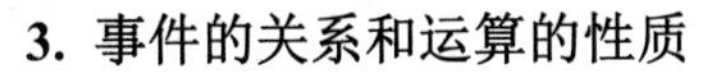

3. 事件的关系和运算的性质

(1) 逆运算：$\overline{\overline{A}}=A$，$\overline{\Omega}=\Phi$，$\overline{\Phi}=\Omega$。

(2) 吸收律：$A+\Omega=\Omega$，$A+\Phi=A$，$A\Omega=A$，$A\Phi=\Phi$，$AA=A$。

(3) 交换律：$A+B=B+A$，$AB=BA$。

(4) 结合律：$A+(B+C)=(A+B)+C$，$A(BC)=(AB)C$。

(5) 分配律：$A(B+C)=AB+AC$，$A(B-C)=AB-AC$。

(6) 德·摩根定律：

$$\overline{A_1+A_2+\cdots+A_n}=\overline{A}_1\overline{A}_2\cdots\overline{A}_n$$

$$\overline{A_1A_2\cdots A_n}=\overline{A}_1+\overline{A}_2+\cdots+\overline{A}_n$$

例 1-3 从一批产品中每次取一件进行检验，令 A_i={第 i 次取到合格品} $(i=1,2,3)$，试用事件的运算符号表示下列事件：A={三次都取到合格品}，B={三次至少有一次取到合格品}，C={三次恰好有两次取到合格品}，D={三次最多有一次取到合格品}。

解 $A=A_1A_2A_3$

$B=A_1+A_2+A_3$

$C=A_1A_2\overline{A}_3+A_1\overline{A}_2A_3+\overline{A}_1A_2A_3$

$D=\overline{A}_1\overline{A}_2+\overline{A}_1\overline{A}_3+\overline{A}_2\overline{A}_3$

例 1-4 一名射手连续向某一目标射击三次，令 A_i={第 i 次射击击中目标}$(i=1,2,3)$，试用文字叙述下列事件：(1) A_1+A_2；(2) $A_1+A_2+A_3$；(3) $A_1A_2A_3$；(4) A_3-A_2；(5) $\overline{A}_3$；(6) $\overline{A_1+A_2}$；(7) $\overline{A_1A_2}$。

解 (1) A_1+A_2={前两次射击至少有一次击中目标}。

(2) $A_1+A_2+A_3$={三次射击至少有一次击中目标}。

(3) $A_1A_2A_3$={三次射击都击中目标}。

(4) A_3-A_2={第三次射击击中目标，但第二次射击未击中目标}。

(5) $\overline{A}_3$={第三次射击未击中目标}。

(6) $\overline{A_1+A_2}=\overline{A}_1\overline{A}_2$={前两次射击都未击中目标}。

(7) $\overline{A_1A_2}=\overline{A}_1+\overline{A}_2$={前两次射击至少有一次未击中目标}。

1.2　排列与组合

计算随机事件出现的可能性大小时往往需要借助排列组合理论与方法，下面介绍排列组合的基本理论与方法。

1. 基本原理

(1) 加法原理：做一件事，完成它有 n 类办法，在第一类办法中有 m_1 种方法，在第二类办法中有 m_2 种方法……在第 n 类办法中有 m_n 种方法，不论用哪一类办法中的哪一种方法都可以完成这件事，那么完成这件事共有 $m_1+m_2+\cdots+m_n$ 种不同方法。

例如，某人从甲地到乙地有乘飞机、火车和汽车三类办法。每天飞机有 2 个航班，火车有 5 班车，汽车有 3 趟车。不论选用哪一类办法中的哪一种方法，都可以到达目的地，那么从甲地到乙地共有$2+5+3=10$种不同走法。

(2) 乘法原理：做一件事，完成它需要分成n个步骤，做第一步有m_1种方法，做第二步有m_2种方法，……，做第n步有m_n种方法，只有当这n个步骤全部完成时，才能完成这件事，那么完成这件事共有$m_1m_2\cdots m_n$种不同方法。

例如，某人从甲地到丙地必须经过乙地中转。若从甲地到乙地有 3 种走法, 从乙地到丙地有 7 种走法，那么从甲地到丙地共有$3\times7=21$种不同走法。

2．排列

1) 不可重复排列

定义 1-1 从n个不同元素中任取$m\,(m\leqslant n)$个不同元素，按照一定的顺序排成一列，叫作从n个不同元素中取m个不同元素的一个排列。其所有不同排列的个数称为排列数，用符号P_n^m表示。

例如，在a,b,c,d四个字母中，每次取 2 个不同字母的排列是：

$$ab,ac,ad;\quad ba,bc,bd;\quad ca,cb,cd;\quad da,db,dc$$

易数得从a,b,c,d四个字母中每次取 2 个不同字母的所有不同排列的个数是12。

一般情况下，怎样计算P_n^m的值呢？为了研究这个问题，试想一个与其等价的问题："从n个不同元素中任取$m\,(m\leqslant n)$个不同元素，将其放入m个空位置中，有多少种不同放法？"要完成这件事，可将其分成m个步骤。第一步，从n个元素中任取 1 个放在第 1 个位置, 有n种不同放法；第二步，从剩余$n-1$个元素中任取 1 个放在第 2 个位置，有$n-1$种不同放法；第三步，从剩余$n-2$个元素中任取 1 个放在第 3 个位置，有$n-2$种不同放法；……；第$m-1$步，从剩余$n-m+2$个元素中任取 1 个放在第$m-1$个位置，有$n-m+2$种不同放法；第m步，从剩余$n-m+1$个元素中任取 1 个放在第m个位置，有$n-m+1$种不同放法。根据乘法原理，完成这件事共有$n(n-1)(n-2)\cdots(n-m+1)$种不同放法，因此

$$P_n^m=n(n-1)(n-2)\cdots(n-m+1) \tag{1-1}$$

为了书写方便，我们把从 1～n的正整数连乘记作$n!$，读作n阶乘，即

$$n!=n\times(n-1)\times(n-2)\times\cdots\times3\times2\times1 \tag{1-2}$$

并规定$0!=1$。

于是又有

$$P_n^m=\frac{n!}{(n-m)!} \tag{1-3}$$

[注] $P_n^n=n!$。

2) 可重复排列

定义 1-2 从n个不同元素中任取$m\,(m\leqslant n)$个元素(允许重复)，按照一定的顺序排成一列，叫作从n个不同元素中取m个元素的一个可重复排列，其所有不同排列的个数称为排列数。

类似于P_n^m计算公式的推导，可知可重复排列的排列数为n^m。

例如，在 a,b,c,d 四个字母中每次取 2 个字母的所有可重复排列是：

aa,ab,ac,ad；ba,bb,bc,bd；ca,cb,cc,cd；da,db,dc,dd

易数得从 a,b,c,d 四个字母中每次取 2 个字母的所有可重复排列的个数是 $4^2=16$。

例 1-5 计算：(1) $P_3^2+P_4^3$；(2) $\dfrac{P_5^3-P_4^4}{5!+4!}$。

解 (1) $P_3^2+P_4^3=3\times2+4\times3\times2=30$。

(2) $\dfrac{P_5^3-P_4^4}{5!+4!}=\dfrac{5\times4\times3-4\times3\times2\times1}{5\times4\times3\times2\times1+4\times3\times2\times1}=\dfrac{1}{4}$。

例 1-6 有 5 个男孩、3 个女孩站成一排。

(1) 男孩不站在排头也不站在排尾，有几种不同站法？

(2) 男孩必须相邻，有几种不同站法？

解 (1) 由于男孩既不站在排头也不站在排尾，可考虑先满足排头、排尾两个特殊位置的要求。从 3 个女孩中任选 2 个站在这两个位置，有 P_3^2 种站法，然后让 5 个男孩与剩下的 1 个女孩站在剩下的 6 个位置，有 P_6^6 种站法。根据乘法原理，共有 $P_3^2\ P_6^6=3\times2\times6\times5\times4\times3\times2\times1=4320$ 种不同站法。

(2) 由于 5 个男孩必须相邻，因此可先把他们看作一个整体而和 3 个女孩站成一排，有 P_4^4 种站法，再对 5 个男孩进行排列，有 P_5^5 种站法。根据乘法原理，共有 $P_4^4\ P_5^5=4\times3\times2\times1\times5\times4\times3\times2\times1=2880$ 种不同站法。

例 1-7 数字 0,1,2,3 可以组成多少个没有重复数字的三位数？

解　因为 0 不能在百位位置，所以可从 1,2,3 三个数字中任选一个排在百位位置上，有 P_3^1 种排法；当百位位置上数字选定后，把 1,2,3 中剩余的两个数字与 0 共 3 个数字排在十位与个位两个位置上，有 P_3^2 种排法。根据乘法原理，共可以组成 $P_3^1\ P_3^2=3\times3\times2=18$ 个三位数。

3. 组合

定义 1-3 从 n 个不同元素中任取 $m\,(m\leqslant n)$ 个不同元素，不管顺序并成一组，叫作从 n 个不同元素中取 m 个不同元素的一个组合。其所有不同组合的个数称为组合数，用符号 C_n^m 表示。

[注]　排列与组合的不同之处是：排列考虑元素的顺序，组合不考虑元素的顺序。在排列中若元素相同但排列的顺序不同，就视为不同排列；在组合中只要元素相同，就视为同一组合。

那么怎样计算 C_n^m 的值呢？我们可以通过另一种思维方式计算 P_n^m 来求得 C_n^m 的计算公式。计算 P_n^m 的值就是计算从 n 个不同元素中任取 m 个不同元素的所有不同排列的个数。我们可以将计算 P_n^m 这件事分成两个步骤：第一步是从 n 个元素中任取 m 个元素，不管顺序并成一组，共有 C_n^m 种不同取法；第二步是将取出的 m 个元素排成一列，共有 P_m^m 种排法。根据乘法原理，完成计算 P_n^m 这件事共有 $C_n^m P_m^m$ 种不同方法，即

$$P_n^m = C_n^m P_m^m = C_n^m m!$$

于是

$$C_n^m = \frac{P_n^m}{m!} = \frac{n(n-1)(n-2)\cdots(n-m+1)}{m!} \tag{1-4}$$

利用 $P_n^m = \dfrac{n!}{(n-m)!}$，又可得

$$C_n^m = \frac{n!}{m!(n-m)!} \tag{1-5}$$

组合具有如下性质。

(1) $C_n^m = C_n^{n-m}\ (0 \leqslant m \leqslant n)$。

(2) $C_n^m = C_{n-1}^m + C_{n-1}^{m-1}\ (1 \leqslant m < n)$。

规定 $C_n^0 = 1$，特别有 $C_n^1 = n$，$C_n^n = 1$。

例 1-8 计算：(1) $C_6^4 - C_5^3$；(2) $C_4^1 + C_4^2 + C_4^3 + C_4^4$。

解 (1) $C_6^4 - C_5^3 = \dfrac{6\times5\times4\times3}{4\times3\times2\times1} - \dfrac{5\times4\times3}{3\times2\times1} = 5$。

(2) $C_4^1 + C_4^2 + C_4^3 + C_4^4 = C_4^1 + C_4^2 + C_4^{4-3} + C_4^4 = 4 + \dfrac{4\times3}{2\times1} + 4 + 1 = 15$。

例 1-9 一条铁路上有 20 个车站，按常规：

(1) 一共需要准备多少种不同的车票？

(2) 一共有多少种不同的票价？

解 (1) 从 20 个车站中任取 2 个车站(车票与顺序有关)的排列数是

$$P_{20}^2 = 20\times19 = 380$$

(2) 从 20 个车站中任取 2 个车站(票价与顺序无关)的组合数是

$$C_{20}^2 = \frac{20\times19}{2\times1} = 190$$

例 1-10 从 5 名男生和 4 名女生中选 3 名代表参加数学竞赛，要求代表中男生 2 名、女生 1 名，共有多少种选法？

解 从 5 名男生中选 2 名有 C_5^2 种选法，从 4 名女生中选 1 名有 C_4^1 种选法。根据乘法原理，共有 $C_5^2\ C_4^1 = \dfrac{5\times4}{2\times1}\times4 = 40$ 种选法。

1.3 随机事件的概率

当多次重复做某一随机试验 E 时，常常会察觉某些事件出现的可能性要大些，而另一些事件出现的可能性要小些。例如，在抽扑克牌试验中抽到黑桃的事件比抽到“大、小王”的事件出现的可能性要大。那么怎样定义随机事件出现的可能性大小呢？我们先从比较简单的概念——频率入手研究。

1. 事件的频率

定义 1-4 在相同的条件下，重复进行了 n 次试验，若事件 A 出现了 k 次，则称比值 $\frac{k}{n}$ 为事件 A 在这 n 次试验中出现的频率，记作 $F_n(A)$，即

$$F_n(A)=\frac{k}{n} \tag{1-6}$$

可以用事件的频率描述随机事件出现的可能性大小。例如，在掷硬币试验中，假设掷 100 次硬币，事件 $A=\{正面\}$出现了 51 次，自然可以用数字 $F_{100}(A)=\frac{51}{100}$ 表示事件 A 出现的可能性大小。用频率描述随机事件出现的可能性大小有不完备之处。假如第一天掷 100 次硬币，A 出现了 51 次，用 $\frac{51}{100}$ 表示事件 A 出现的可能性大小；第二天又掷 100 次硬币，事件 A 出现了 49 次，得用 $\frac{49}{100}$ 表示事件 A 出现的可能性大小；第三天又掷 300 次硬币，事件 A 出现了 158 次，又得用 $\frac{158}{300}$ 表示事件 A 出现的可能性大小。显然，随机事件的频率与试验的次数 n 有关，还与试验的轮次有关。我们需要用一个与试验次数及轮次无关的精确数字描述随机事件出现的可能性大小，这个数字就称为随机事件的概率。

2. 概率的定义

既然各随机事件出现的可能性有大有小，自然使人想到用一个数字表示事件 A 出现的可能性大小，较大的可能性用较大的数字表示，较小的可能性用较小的数字表示，这个数字记作 $P(A)$，称为事件 A 的概率。

然而，对于给定的事件 A，究竟应该用哪个数字来作为它的概率呢？也就是说，怎样从数量上来定义 $P(A)$ 呢？这取决于试验 E 和事件 A 的特殊性，不能一概而论。

由于频率与概率都是用来描述事件出现可能性大小的，可以通过研究频率的性质给出概率应满足的基本条件，由此得到下面的概率公理化定义。

定义 1-5 设试验 E 的基本事件空间为 Ω，如果全体事件集合上的函数 $P(\cdot)$ 满足下列条件：

(1) 非负性：对任意事件 A，恒有 $0\leqslant P(A)\leqslant 1$。

(2) 规范性：$P(\Omega)=1$。

(3) 可列可加性：对于两两互不相容的事件 $A_1,A_2,\cdots,A_n,\cdots$，即 $A_iA_j=\Phi\ (i\neq j)$，恒有

$$P\left(\sum_{i=1}^{\infty}A_i\right)=\sum_{i=1}^{\infty}P(A_i) \tag{1-7}$$

则称函数 $P(\cdot)$ 为概率。

3. 概率的性质

(1) $P(\Phi)=0$。

证 因 $\Phi=\Phi+\Phi+\cdots+\Phi+\cdots$，则 $P(\Phi)=P(\Phi)+\cdots+P(\Phi)+\cdots$，从而 $P(\Phi)=0$。

(2) 有限可加性：若 $A_1,A_2,\cdots,A_n$ 两两互不相容，即 $A_iA_j=\Phi\ (i\neq j)$，则

$$P\left(\sum_{i=1}^{n} A_i\right)=\sum_{i=1}^{n} P(A_i) \tag{1-8}$$

证 因为$\sum_{i=1}^{n} A_i = A_1 + A_2 + \cdots + A_n + \Phi + \Phi + \cdots$，则

$$P\left(\sum_{i=1}^{n} A_i\right)=P(A_1+A_2+\cdots+A_n+\Phi+\cdots)$$

$$=P(A_1)+P(A_2)+\cdots+P(A_n)+P(\Phi)+\cdots=\sum_{i=1}^{n} P(A_i)$$

(3) 对任意事件 A，恒有

$$P(\overline{A})=1-P(A) \tag{1-9}$$

证 因 $A+\overline{A}=\Omega$，$A\overline{A}=\Phi$，则$1=P(\Omega)=P(A+\overline{A})=P(A)+P(\overline{A})$，故$P(\overline{A})=1-P(A)$。

(4) 若 $A\supset B$，则 $P(A-B)=P(A)-P(B)$。

证 因 $A=(A-B)+B$，且 $(A-B)B=\Phi$，则 $P(A)=P[(A-B)+B]=P(A-B)+P(B)$，从而$P(A-B)=P(A)-P(B)$。

推论 (单调性)若 $A\supset B$，则 $P(A)\geqslant P(B)$。

证 若 $A\supset B$，则 $P(A-B)=P(A)-P(B)$，从而 $P(A)-P(B)=P(A-B)\geqslant 0$。

(5) 加法公式：对任意的事件 A,B，恒有

$$P(A+B)=P(A)+P(B)-P(AB) \tag{1-10}$$

证 因 $A+B=A+(B-AB)$，且$A(B-AB)=\Phi$，则

$$P(A+B)=P(A)+P(B-AB)=P(A)+P(B)-P(AB)$$

加法公式推广：

$$P(A+B+C)=P(A)+P(B)+P(C)-P(AB)-P(AC)-P(BC)+P(ABC) \tag{1-11}$$

$$P\left(\sum_{i=1}^{n} A_i\right)=\sum_{i=1}^{n} P(A_i)-\sum_{1\leqslant i<j\leqslant n} P(A_iA_j)+\sum_{1\leqslant i<j<k\leqslant n} P(A_iA_jA_k)+\cdots+(-1)^{n-1}P(A_1A_2\cdots A_n) \tag{1-12}$$

1.4 古典型概率与几何型概率

1. 古典型概率

一个随机试验 E 若满足：

(1) 基本事件空间中只有有限多个基本事件(有限性)，即 $\Omega=\{\omega_1,\omega_2,\cdots,\omega_n\}$；

(2) 各基本事件出现的可能性相等(等可能性)，即 $P(\omega_1)=P(\omega_2)=\cdots=P(\omega_n)$。

则称该随机试验为古典型随机试验。

定义 1-6 设古典型随机试验的基本事件空间 $\Omega=\{\omega_1,\omega_2,\cdots,\omega_n\}$，若随机事件 A 中含有 k $(k\leqslant n)$ 个基本事件，则定义

$$P(A)=\frac{k}{n}=\frac{A\text{中基本事件个数}}{\Omega\text{中基本事件个数}} \tag{1-13}$$

例如，随机试验 E ——掷硬币观察其面，其基本事件空间是 $\Omega=\{$“正面”，“反面”$\}$，$A=\{$“正面”$\}$，则 $P(A)=\dfrac{1}{2}$。

例 1-11 掷两枚骰子，观察出现的点数所组成的数对 (x,y)，求事件 $A=\{$点数之和等于 5$\}$，$B=\{$点数之和小于 5$\}$的概率。

解 基本事件空间 $\Omega=\{(1,1),(1,2),\cdots,(1,6),(2,1),(2,2),\cdots,(2,6),\cdots,(6,1),(6,2),\cdots,(6,6)\}$ 中含有 36 个基本事件，事件 $A=\{(1,4),(4,1),(2,3),(3,2)\}$ 中含有 4 个基本事件，事件 $B=\{(1,1),(1,2),(1,3),(2,1),(2,2),(3,1)\}$ 中含有 6 个基本事件，于是

$$P(A)=\frac{4}{36}=\frac{1}{9}，\quad P(B)=\frac{6}{36}=\frac{1}{6}$$

例 1-12 一部五卷文集随机放在书架上，求事件 $A=\{$从左到右或从右到左卷号顺序恰好为$1,2,3,4,5\}$的概率。

解 基本事件空间 Ω 中含有 $P_5^5=5!=120$ 个基本事件，事件 A 中仅含有 2 个基本事件，于是 $P(A)=\dfrac{2}{120}=\dfrac{1}{60}$。

例 1-13 袋中装有 4 个白球、5 个黑球，现从中任取两个，求：

(1) 两个均为白球的概率 P_1；

(2) 被取的两个球中一个白球一个黑球的概率 P_2；

(3) 至少有一个黑球的概率 P_3。

解 (1) $P_1=\dfrac{C_4^2}{C_9^2}=\dfrac{1}{6}$。

(2) $P_2=\dfrac{C_4^1C_5^1}{C_9^2}=\dfrac{5}{9}$。

(3) 事件“至少有一个黑球”=“恰好只有一个黑球”+“两个都是黑球”，根据加法公式得

$$P_3=\frac{C_5^1C_4^1}{C_9^2}+\frac{C_5^2}{C_9^2}=\frac{5}{6}$$

例 1-14 书架上随意摆放着 15 本教科书，其中有 5 本是数学书，从中随机抽取 3 本，求至少有一本是数学书的概率。

解 设 $A=\{$被抽到的 3 本书中至少有一本是数学书$\}$，则

$$P(A)=1-P(\overline{A})=1-\frac{C_{10}^3}{C_{15}^3}=1-\frac{24}{91}=\frac{67}{91}$$

2. 几何型概率

设 Ω 是平面一区域，具有有限面积 $L(\Omega)$。向区域 Ω 中投掷一质点 M，点 M 在 Ω 中均匀分布，即：①点 M 必落于 Ω 中；②点 M 落在 Ω 的子区域中的概率与该子区域的面积成正比，而与该子区域在 Ω 中的位置与形状无关。设 A 是 Ω 中一子区域，其面积为 $L(A)$，则质点 M 落在区域 A 中的概率是

$$P(A)=\frac{L(A)}{L(\Omega)} \tag{1-14}$$

例 1-15 若在区间 $(0,1)$ 上随机地取两个数 x,y，求关于 t 的一元二次方程 $t^2-2yt+x=0$ 有实根的概率。

解 设事件 $A=\{$方程 $t^2-2yt+x=0$ 有实根$\}$，因 x,y 是从区间 $(0,1)$ 上任取的两个数，则 (x,y) 的取值区域是 $\Omega=\{(x,y)|\,0<x,y<1\}$，事件 A 的取值区域是 $A=\{(x,y)|4(y^2-x)\geqslant 0, 0<x,y<1\}$，如图 1-1 所示。于是

$$P(A)=\frac{L(A)}{L(\Omega)}=\frac{\int_0^1 y^2\mathrm{d}y}{1}=\frac{1}{3}y^3\Big|_0^1=\frac{1}{3}$$

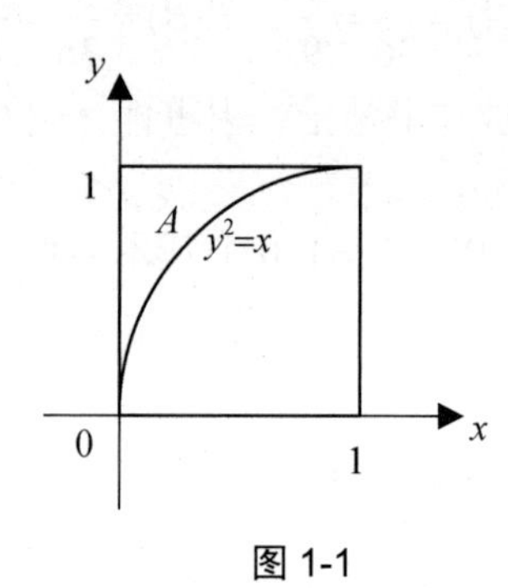

图 1-1

1.5 条件概率

1. 条件概率

定义 1-7 设 A,B 是两个随机事件，且 $P(A)>0$，则称 $\frac{P(AB)}{P(A)}$ 为在事件 A 已出现的条件下事件 B 出现的概率，记作 $P(B|A)$，即

$$P(B|A)=\frac{P(AB)}{P(A)} \tag{1-15}$$

例如，随机试验 E——从 54 张混放的扑克牌中随机抽取一张，观察抽到哪一张牌。其基本事件空间中含有 54 个基本事件。事件 $A=\{$抽到黑桃$\}$，事件 $B=\{$抽到黑桃 5$\}$，则在已知抽到黑桃的条件下，抽到黑桃 5 的概率是

$$P(B|A)=\frac{P(AB)}{P(A)}=\frac{\frac{1}{54}}{\frac{13}{54}}=\frac{1}{13}$$

[注] 条件概率也是概率，故它具有概率的性质，如:

(1) $P(\Phi|B)=0$。

(2) $P(\overline{A}|B)=1-P(A|B)$。

(3) $P[(A_1+A_2)|B]=P(A_1|B)+P(A_2|B)-P(A_1A_2|B)$。

例 1-16 某种动物活到 20 岁以上的概率为 0.8，活到 25 岁以上的概率为 0.4，求现年 20 岁的这种动物能活过 25 岁的概率。

解 设 $A=\{\text{能活到20岁以上}\}$，$B=\{\text{能活到25岁以上}\}$，则

$$P(B|A)=\frac{P(AB)}{P(A)}=\frac{0.4}{0.8}=\frac{1}{2}$$

2. 乘法公式

由条件概率公式 $P(B|A)=\dfrac{P(AB)}{P(A)}$，得两个随机事件的乘法公式为

$$P(AB)=P(A)P(B\mid A),\quad P(A)>0 \tag{1-16}$$

乘法公式的一般形式：

$$P(A_1A_2\cdots A_n)=P(A_1)P(A_2\mid A_1)P(A_3\mid A_1A_2)\cdots P(A_n\mid A_1A_2\cdots A_{n-1}) \tag{1-17}$$

其中， $P(A_1A_2\cdots A_{n-1})>0$。

证 因为 $A_1A_2\cdots A_{n-1}\subset A_1A_2\cdots A_{n-2}\subset\cdots\subset A_1A_2\subset A_1$，则

$$P(A_1)\geqslant P(A_1A_2)\geqslant\cdots\geqslant P(A_1A_2\cdots A_{n-1})>0$$

从而

$$\text{右端}=P(A_1)\frac{P(A_1A_2)}{P(A_1)}\frac{P(A_1A_2A_3)}{P(A_1A_2)}\cdots\frac{P(A_1A_2\cdots A_n)}{P(A_1A_2\cdots A_{n-1})}=P(A_1A_2...A_n)=\text{左端}$$

例 1-17 三张考签中有两张难签，甲、乙、丙三人通过抽签决定两张难签的归属，甲先、乙次、丙最后。

(1) 求乙抽到难签的概率；

(2) 已知乙抽到了难签，求甲也抽到难签的概率。

解 设 A,B,C 分别表示甲、乙、丙抽到难签，则

(1) $P(B)=P(\Omega B)=P[(A+\overline{A})B]=P(AB)+P(\overline{A}B)$

$$=P(A)P(B|A)+P(\overline{A})P(B|\overline{A})=\frac{2}{3}\times\frac{1}{2}+\frac{1}{3}\times\frac{2}{2}=\frac{2}{3}\text{。}$$

(2) $P(A|B)=\dfrac{P(AB)}{P(B)}=\dfrac{P(A)P(B\mid A)}{P(B)}=\dfrac{2}{3}\times\dfrac{1}{2}\div\dfrac{2}{3}=\dfrac{1}{2}$。

例 1-18 已知 40 件产品中有 3 件次品，现随意从中先后取出 2 件产品，试求：

(1) 第一次取到次品的概率 P_1，第二次取到次品的概率 P_2，第二次才取到次品的概率 P_3；

(2) 取出的 2 件产品中至少有一件是次品的概率 P_4；

(3) 已知取出的 2 件产品中至少有一件是次品，那么另一件也是次品的概率 P_5。

解 设 A_i={第 i 次取到次品}($i=1,2$)，则：

(1) $P_1=P(A_1)=\dfrac{3}{40}$。

$$P_2=P(A_2)=P[A_2(A_1+\overline{A}_1)]=P[A_1A_2+\overline{A}_1A_2]=P(A_1A_2)+P(\overline{A}_1A_2)$$

$$=P(A_1)P(A_2\mid A_1)+P(\overline{A}_1)P(A_2\mid\overline{A}_1)=\frac{3}{40}\times\frac{2}{39}+\frac{37}{40}\times\frac{3}{39}=\frac{3}{40}\text{。}$$

$$P_3=P(\overline{A}_1A_2)=P(\overline{A}_1)P(A_2\mid\overline{A}_1)=\frac{37}{40}\times\frac{3}{39}=\frac{37}{520}\text{。}$$

(2) $P_4=P(A_1+A_2)=1-P(\overline{A_1+A_2})=1-P(\overline{A}_1\overline{A}_2)$

$$=1-P(\overline{A}_1)P(\overline{A}_2\mid\overline{A}_1)=1-\frac{37}{40}\times\frac{36}{39}=\frac{19}{130}\text{。}$$

(3) $P_5=P[A_1A_2\mid(A_1+A_2)]=\dfrac{P(A_1A_2)}{P(A_1+A_2)}=\dfrac{P(A_1)P(A_2\mid A_1)}{P_4}=\dfrac{\frac{3}{40}\times\frac{2}{39}}{\frac{19}{130}}=\dfrac{1}{38}$。

3. 完备事件组

定义 1-8 设 $H_1,H_2,\cdots,H_n$ 是一列事件，若它们满足：

(1) $H_iH_j=\Phi\ (i\neq j)$；

(2) $\sum_{i=1}^{n}H_i=\Omega$，

则称 $H_1,H_2,\cdots,H_n$ 为一个完备事件组。

4. 全概率公式

设 $H_1,H_2,\cdots,H_n$ 是一完备事件组，且 $P(H_i)>0(i=1,2,\cdots,n)$，则对任一事件 A，恒有

$$P(A)=\sum_{i=1}^{n}P(H_i)P(A\mid H_i) \tag{1-18}$$

证 由于 $A=A\Omega=A\left(\sum_{i=1}^{n}H_i\right)=\sum_{i=1}^{n}(AH_i)$，且 $(AH_i)(AH_j)=A(H_iH_j)=\Phi(i\neq j)$，于是

$$P(A)=P\left(\sum_{i=1}^{n}AH_i\right)=\sum_{i=1}^{n}P(AH_i)=\sum_{i=1}^{n}P(H_i)P(A\mid H_i)$$

[注] 全概率公式的主要应用：当直接求事件 A 的概率较困难时，可借助与 A 密切相关的某完备事件组，通过全概率公式间接计算 A 的概率。

例 1-19 某届世界女排锦标赛半决赛对阵如图 1-2 所示。根据以往资料统计，中国胜美国的概率为 0.4，中国胜日本的概率为 0.9，而日本胜美国的概率为 0.5，求中国得冠军的概率。

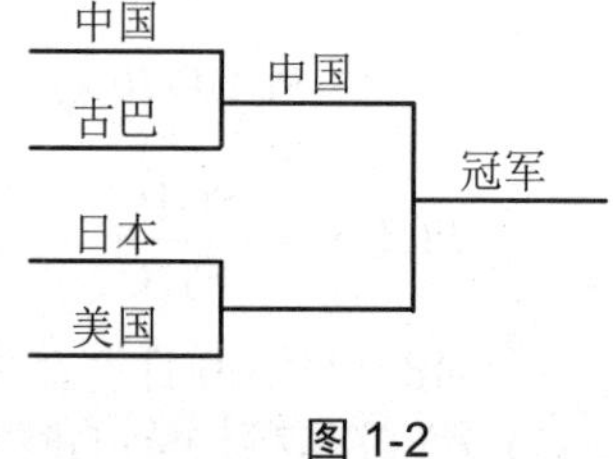

图 1-2

解 设 $H=${日本胜美国}，$\bar{H}=${美国胜日本}，$A=${中国得冠军}，由全概率公式得

$$\begin{aligned}P(A)&=P(H)P(A|H)+P(\bar{H})P(A|\bar{H})\\&=0.5\times0.9+0.5\times0.4=0.65\end{aligned}$$

5. 贝叶斯(Bayes)公式

设 $H_1,H_2,\cdots,H_n$ 是一完备事件组，且 $P(H_i)>0(i=1,2,\cdots,n)$，则对任一事件 $A\ (P(A)>0)$，恒有

$$P(H_k\mid A)=\frac{P(H_k)P(A|H_k)}{\sum_{i=1}^{n}P(H_i)P(A|H_i)}\quad(k=1,2,\cdots,n) \tag{1-19}$$

证 $P(H_k\mid A)=\dfrac{P(AH_k)}{P(A)}=\dfrac{P(H_k)P(A|H_k)}{\sum_{i=1}^{n}P(H_i)P(A|H_i)}\quad(k=1,2,\cdots,n)$

[注] 贝叶斯公式用于在某一事件已经出现的条件下，求与该事件密切相关的完备事件组中某一事件出现的概率。

例 1-20 某种诊断癌症的实验有如下效果：患有癌症者做此实验反应为阳性的概率为 0.95，不患有癌症者做此实验反应为阴性的概率也为 0.95，并假定体检者中有千分之五的人患有癌症。已知某体检者做此实验反应为阳性，他是一个癌症患者的概率是多少？

解 设 H={体检者为癌症患者}，$\bar{H}$={体检者不是癌症患者}，A={实验结果反应为阳性}，则

$$P(H|A)=\frac{P(H)P(A|H)}{P(H)P(A|H)+P(\bar{H})P(A|\bar{H})}=\frac{0.005\times0.95}{0.005\times0.95+0.995\times0.05}=0.087$$

例 1-21 设有一箱产品是由三家工厂生产的。已知其中 $\frac{1}{2}$ 的产品是由甲厂生产的，乙、丙两厂的产品各占 $\frac{1}{4}$，又知甲、乙两厂的次品率为 2%，丙厂的次品率为 4%。现从该箱中任取一产品：

(1) 求所取得的产品是甲厂生产的次品的概率；

(2) 求所取得的产品是次品的概率；

(3) 已知所取得的产品是次品，它是由甲厂生产的概率是多少？

解 设 H_1,H_2,H_3 分别表示所取得的产品是由甲、乙、丙厂生产的，A={所取得的产品为次品}，则：

(1) 由乘法公式得

$$P(H_1A)=P(H_1)P(A|H_1)=\frac{1}{2}\times2\%=1\%$$

(2) 由全概率公式得

$$\begin{aligned}P(A)&=P(H_1)P(A|H_1)+P(H_2)P(A|H_2)+P(H_3)P(A|H_3)\\&=\frac{1}{2}\times2\%+\frac{1}{4}\times2\%+\frac{1}{4}\times4\%=2.5\%\end{aligned}$$

(3) 由贝叶斯公式得

$$P(H_1|A)=\frac{P(H_1)P(A|H_1)}{P(A)}=\frac{\frac{1}{2}\times2\%}{2.5\%}=40\%$$

1.6　事件的独立性

定义 1-9 设 A,B 是两个事件，若

$$P(AB)=P(A)P(B) \tag{1-20}$$

则称事件 A 与 B 相互独立。

定义 1-10 设 A,B,C 是三个事件，若

$$\left.\begin{aligned}P(AB)&=P(A)P(B)\\P(AC)&=P(A)P(C)\\P(BC)&=P(B)P(C)\\P(ABC)&=P(A)P(B)P(C)\end{aligned}\right\} \tag{1-21}$$

则称事件 A,B,C 相互独立。

[注] 类似可定义 $A_1,A_2,\cdots,A_n$ 的相互独立性。

定理 1-1 设事件 $A_1,A_2,\cdots,A_n$ 相互独立，在这 n 个事件中任取 m 个事件，将这 m 个事件换成它们对应的逆事件，这样所得的 n 个事件仍然相互独立。

证明略。

特别：

(1) 若A与B相互独立，则A与$\overline{B}$、$\overline{A}$与B、$\overline{A}$与$\overline{B}$都相互独立。

(2) 若A,B,C相互独立，则$A,B,\overline{C}$、$\overline{A},\overline{B},C$、$\overline{A},\overline{B},\overline{C}$等都相互独立。

例 1-22 三人独立破译一密码，他们能单独译出的概率分别为$\frac{1}{5},\frac{1}{3},\frac{1}{4}$，求此密码能被译出的概率。

解 设A,B,C分别表示甲、乙、丙能单独译出密码，则A,B,C相互独立，于是

$$P(A+B+C)=1-P(\overline{A+B+C})=1-P(\overline{A}\overline{B}\overline{C})=1-P(\overline{A})P(\overline{B})P(\overline{C})=1-\frac{4}{5}\times\frac{2}{3}\times\frac{3}{4}=\frac{3}{5}$$

例 1-23 某射手对同一目标连续进行 3 次独立射击，每次击中目标的概率为p，假设至少命中一次的概率为$\frac{7}{8}$，求p。

解 设$A_i=\{第i次命中目标\}(i=1,2,3)$，显然，事件A_1,A_2,A_3相互独立。由 3 次射击至少命中一次的概率

$$P(A_1+A_2+A_3)=1-P(\overline{A_1+A_2+A_3})=1-P(\overline{A}_1\overline{A}_2\overline{A}_3)$$
$$=1-P(\overline{A}_1)\,P(\overline{A}_2)\,P(\overline{A}_3)\;=1-(1-p)^3=\frac{7}{8}$$

得$p=\frac{1}{2}$。

例 1-24 设两两相互独立的三事件 A, B, C 满足$ABC=\varPhi$，$P(A)=P(B)=P(C)<\frac{1}{2}$，且$P(A+B+C)=\frac{9}{16}$，求$P(A)$。

解 由于A,B,C两两相互独立，且$P(A)=P(B)=P(C)$，$ABC=\varPhi$，则

$$P(AB)=P(A)P(B)=P(A)^2$$
$$P(AC)=P(A)P(C)=P(A)^2$$
$$P(BC)=P(B)P(C)=P(A)^2$$
$$P(ABC)=P(\varPhi)=0$$

根据概率的加法公式得

$$P(A+B+C)=P(A)+P(B)+P(C)-P(AB)-P(AC)-P(BC)+P(ABC)$$

从而

$$P(A+B+C)=3P(A)-3P(A)^2=\frac{9}{16}$$

解得 $P(A)=\frac{1}{4}$或$P(A)=\frac{3}{4}$。

再由$P(A)<\frac{1}{2}$，得$P(A)=\frac{1}{4}$。

例 1-25 设两个相互独立的事件 A, B 都不出现的概率为 $\frac{1}{9}$，A 出现 B 不出现的概率与 B 出现 A 不出现的概率相等，求 $P(A)$。

解 因 A, B 相互独立，则

$$P(A\bar{B}) = P[A(\Omega - B)] = P[A - AB] = P(A) - P(A)P(B)$$
$$P(\bar{A}B) = P[(\Omega - A)B] = P[B - AB] = P(B) - P(A)P(B)$$

又因为 $P(A\bar{B}) = P(\bar{A}B)$，得 $P(A) = P(B)$。

由 A, B 相互独立，得 $\bar{A}, \bar{B}$ 相互独立，于是

$$P(\bar{A}\bar{B}) = P(\bar{A})P(\bar{B}) = [1 - P(A)]^2 = \frac{1}{9}$$

从而可得 $P(A) = \frac{2}{3}$。

小　　结

1. 随机事件的基本概念

(1) 随机现象：一次观察，可能出现也可能不出现的现象。
(2) 随机试验 E：对随机现象的观察。
(3) 基本事件 ω：试验 E 的一个基本结果。
(4) 基本事件空间 Ω：所有基本事件的集合。
(5) 随机事件：一部分基本事件的集合，即基本事件空间的子集合。
(6) 必然事件：每次试验一定会出现的事件，即基本事件空间 Ω。
(7) 不可能事件 Φ：每次试验一定不会出现的事件，即不含任何基本事件的空集。
(8) 事件 A 出现：A 中的某一个基本事件出现。

2. 事件的关系和运算

(1) $A \subset B$：若事件 A 出现必然导致事件 B 出现，即 A 中的基本事件都在 B 中。
(2) $A = B$：$A \subset B$ 且 $B \subset A$。
(3) A 与 B 互不相容：A 与 B 不能同时出现，即 $AB = \Phi$。
(4) A 与 B 互为逆事件：A 与 B 必然有一个出现，而且仅有一个出现，即 A, B 满足

$$A + B = \Omega,\ AB = \Phi$$

(5) A 的逆事件 $\bar{A}$：事件 A 不出现，即 $\bar{A} = \Omega - A = \{\omega | \omega \notin A,\ \omega \in \Omega\}$。
(6) 事件的和：$A + B = \{$事件 A 与 B 至少出现一个$\}$

$$\sum_{k=1}^{n} A_k = \{A_1, A_2, \cdots, A_n \text{至少出现一个}\}$$
$$\sum_{k=1}^{\infty} A_k = \{A_1, A_2, \cdots, A_n, \cdots \text{至少出现一个}\}$$

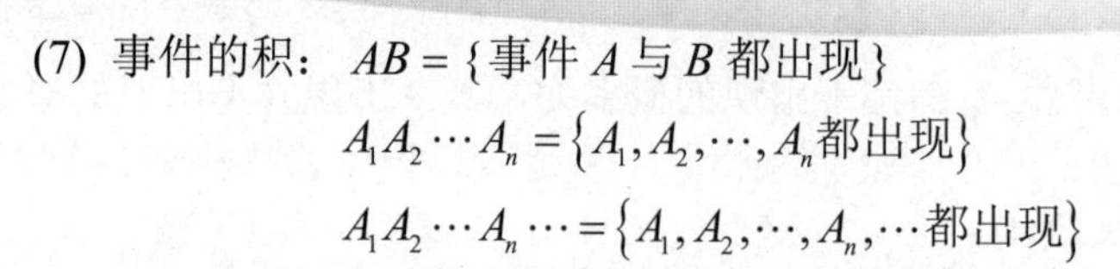

(7) 事件的积：$AB=\{$事件 A 与 B 都出现$\}$

$$A_1A_2\cdots A_n=\{A_1,A_2,\cdots,A_n\text{都出现}\}$$

$$A_1A_2\cdots A_n\cdots=\{A_1,A_2,\cdots,A_n,\cdots\text{都出现}\}$$

(8) 事件的差：$A-B=\{$事件 A 出现但事件 B 不出现$\}$。

3. 事件的关系和运算的性质

(1) 逆运算：$\bar{\bar{A}}=A$，$\bar{\Omega}=\Phi$，$\bar{\Phi}=\Omega$。

(2) 吸收律：$A+\Omega=\Omega$，$A+\Phi=A$，$A\Omega=A$，$A\Phi=\Phi$，$AA=A$。

(3) 交换律：$A+B=B+A$，$AB=BA$。

(4) 结合律：$A+(B+C)=(A+B)+C$，$A(BC)=(AB)C$。

(5) 分配律：$A(B+C)=AB+AC$，$A(B-C)=AB-AC$。

(6) 德·摩根定律：

$$\overline{A_1+A_2+\cdots+A_n}=\bar{A}_1\bar{A}_2\cdots\bar{A}_n$$

$$\overline{A_1A_2\cdots A_n}=\bar{A}_1+\bar{A}_2+\cdots+\bar{A}_n$$

4. 排列与组合

(1) 加法原理：做一件事，完成它有 n 类办法，在第一类办法中有 m_1 种方法，在第二类办法中有 m_2 种方法，……，在第 n 类办法中有 m_n 种方法，不论用哪一类办法中的哪一种方法都可以完成这件事，那么完成这件事共有 $m_1+m_2+\cdots+m_n$ 种不同方法。

(2) 乘法原理：做一件事，完成它需要分成 n 个步骤，做第一步有 m_1 种方法，做第二步有 m_2 种方法，……，做第 n 步有 m_n 种方法，只有当这 n 个步骤全部完成时，才能完成这件事，那么完成这件事共有 $m_1m_2\cdots m_n$ 种不同方法。

(3) 不可重复排列：从 n 个不同元素中任取 m $(m\leqslant n)$ 个不同元素，按照一定的顺序排成一列，其所有的不同排列的个数即排列数为

$$P_n^m=n(n-1)(n-2)\cdots(n-m+1)$$

$$P_n^m=\frac{n!}{(n-m)!}$$

(4) 可重复排列：从 n 个不同元素中任取 m $(m\leqslant n)$ 个元素(允许重复)，按照一定的顺序排成一列，其所有的不同排列的个数即排列数为

$$N=n^m$$

(5) 组合：从 n 个不同元素中任取 m $(m\leqslant n)$ 个不同元素，不管顺序并成一组，其所有的不同组合的个数即组合数为

$$C_n^m=\frac{P_n^m}{m!}=\frac{n(n-1)(n-2)\cdots(n-m+1)}{m!}$$

$$C_n^m=\frac{n!}{m!(n-m)!}$$

规定：$0!=1$，$C_n^0=1$。

5. 随机事件的概率

(1) 事件的频率：在相同的条件下重复进行了 n 次试验，若事件 A 出现了 k 次，则 A 出现的频率为

$$F_n(A)=\frac{k}{n}$$

(2) 概率公理化定义：设试验 E 的基本事件空间为 Ω，如果全体事件集合上的函数 $P(\bullet)$ 满足下列条件。

① 非负性：对任意事件 A，恒有 $0\leqslant P(A)\leqslant 1$。

② 规范性：$P(\Omega)=1$。

③ 可列可加性：对于两两互不相容的事件 $A_1,A_2,\cdots,A_n,\cdots$，即 $A_iA_j=\Phi\ (i\neq j)$，恒有

$$P\left(\sum_{i=1}^{\infty}A_i\right)=\sum_{i=1}^{\infty}P(A_i)$$

则称函数 $P(\bullet)$ 为概率。

6. 概率的性质

(1) $P(\Phi)=0$。

(2) 有限可加性：若 $A_1,A_2,\cdots,A_n$ 两两互不相容，即 $A_iA_j=\Phi\ (i\neq j)$，则

$$P\left(\sum_{i=1}^{n}A_i\right)=\sum_{i=1}^{n}P(A_i)$$

(3) 对任意事件 A，恒有

$$P(\overline{A})=1-P(A)$$

(4) 若 $A\supset B$，则 $P(A-B)=P(A)-P(B)$。

(5) 加法公式：对任意事件 A,B，恒有

$$P(A+B)=P(A)+P(B)-P(AB)$$

$$P(A+B+C)=P(A)+P(B)+P(C)-P(AB)-P(AC)-P(BC)+P(ABC)$$

$$P\left(\sum_{i=1}^{n}A_i\right)=\sum_{i=1}^{n}P(A_i)-\sum_{1\leqslant i<j\leqslant n}P(A_iA_j)+\sum_{1\leqslant i<j<k\leqslant n}P(A_iA_jA_k)+\cdots+(-1)^{n-1}P(A_1A_2\cdots A_n)$$

7. 古典型概率

(1) 古典型随机试验 E：

① 基本事件空间中只有有限多个基本事件(有限性)，即 $\Omega=\{\omega_1,\omega_2,\cdots,\omega_n\}$；

② 各基本事件出现的可能性相等(等可能性)，即 $P(\omega_1)=P(\omega_2)=\cdots=P(\omega_n)$。

(2) 古典型概率：设古典型随机试验的基本事件空间 $\Omega=\{\omega_1,\omega_2,\cdots,\omega_n\}$，若随机事件 A 中含有 $k\ (k\leqslant n)$ 个基本事件，则定义

$$P(A)=\frac{k}{n}=\frac{A\text{中基本事件个数}}{\Omega\text{中基本事件个数}}$$

(3) 几何型概率：向平面区域 Ω 中均匀地投掷一随机点，即随机点落在 Ω 中的任何一点的可能性都相同，设平面区域 A 是 Ω 的一个子区域，则随机点落入区域 A 的概率为

$$P(A)=\frac{L(A)}{L(\Omega)}$$

其中，$L(\Omega)$ 与 $L(A)$ 分别表示区域 Ω 与区域 A 的面积。

8. 条件概率

(1) 条件概率：在事件 A 已出现的条件下事件 B 出现的概率为

$$P(B \mid A)=\frac{P(AB)}{P(A)}\ (P(A)>0)$$

(2) 两个事件的乘法公式：

$$P(AB)=P(A)P(B \mid A)\quad (P(A)>0)$$

(3) n 个事件的乘法公式：

$$P(A_1A_2\cdots A_n)=P(A_1)P(A_2 \mid A_1)P(A_3 \mid A_1A_2)\cdots P(A_n \mid A_1A_2\cdots A_{n-1}),\quad P(A_1A_2\cdots A_{n-1})>0$$

(4) 完备事件组：$H_1,H_2,\cdots,H_n$ 是一个完备事件组 $\Leftrightarrow$ 事件列 $H_1,H_2,\cdots,H_n$ 满足：

① $H_iH_j=\Phi\ (i\neq j)$；

② $\sum\limits_{i=1}^{n}H_i=\Omega$。

(5) 全概率公式：设 $H_1,H_2,\cdots,H_n$ 是一完备事件组，且 $P(H_i)>0(i=1,2,\cdots,n)$，则对任一事件 A，恒有

$$P(A)=\sum_{i=1}^{n}P(H_i)P(A \mid H_i)$$

(6) 贝叶斯公式：设 $H_1,H_2,\cdots,H_n$ 是一完备事件组，且 $P(H_i)>0(i=1,2,\cdots,n)$，则对任一事件 A $(P(A)>0)$，恒有

$$P(H_k \mid A)=\frac{P(H_k)P(A \mid H_k)}{\sum\limits_{i=1}^{n}P(H_i)P(A \mid H_i)}(k=1,2,\cdots,n)$$

[注] ① $P(AB)$ 与 $P(B \mid A)$ 的区别：$P(AB)$ 是在基本事件空间为 Ω 时 A 与 B 同时出现的概率，而 $P(B|A)$ 则表示在 A 已经出现的条件下 B 出现的概率，这时基本事件空间已由 Ω 缩减为 A 了。

② 如果事件 A 的出现总是与某些前提因素 $H_1,H_2,\cdots,H_n$ 相关联，于是计算 $P(A)$ 时，可将事件 A 对前提因素 $H_1,H_2,\cdots,H_n$ 做分解：$A=A\left(\sum\limits_{i=1}^{n}H_i\right)=\sum\limits_{i=1}^{n}(AH_i)$，再应用全概率公式计算 $P(A)$。如果在事件 A 已经出现的条件下探求导致这一结果的各种因素 $H_1,H_2,\cdots,H_n$ 出现的可能性，则要应用贝叶斯公式。

9. 事件的独立性

(1) 2个事件相互独立：

$$A\text{ 与 }B\text{ 独立}\Leftrightarrow P(AB)=P(A)P(B)$$

(2) 3个事件相互独立：

$$A,B,C\text{ 相互独立}\Leftrightarrow\begin{cases}P(AB)=P(A)P(B)\\P(AC)=P(A)P(C)\\P(BC)=P(B)P(C)\\P(ABC)=P(A)P(B)P(C)\end{cases}$$

(3) n个事件相互独立：$A_1,A_2,\cdots,A_n$相互独立$\Leftrightarrow$它们中任意$k\ (2\leqslant k\leqslant n)$个事件乘积的概率都等于这些事件概率的乘积。

(4) 关于独立性的一些重要结论。

① 若$A_1,A_2,\cdots,A_n$相互独立，则它们中的任何一部分事件也相互独立。

② 若$A_1,A_2,\cdots,A_n$相互独立，则将它们中的任何一部分事件换成其逆事件后所得到的n个事件仍然相互独立。如A,B,C,D相互独立，将其中任意一部分事件，比如A,C两个事件换成它的逆事件后变成$\overline{A},B,\overline{C},D$，则$\overline{A},B,\overline{C},D$这四个事件仍然相互独立。

③ $A_1,A_2,\cdots,A_n$相互独立$\Rightarrow A_1,A_2,\cdots,A_n$两两相互独立，反之不成立。

④ 若$A_1,A_2,\cdots,A_n$相互独立，则由其中任意一部分事件所产生的事件(如它们经过运算后产生的事件)与另一部分事件所产生的事件相互独立。

⑤ 若$A_1,A_2,\cdots,A_n$相互独立，则$P(A_1A_2\cdots A_n)=P(A_1)P(A_2)\cdots P(A_n)$。

⑥ 在具体实际情况中，判断事件间的相互独立性，是根据这些事件间是否相互关联来判断的。

阶梯化训练题

一、基础能力题

1. 设A,B,C为三个事件，用A,B,C的运算关系表示下列事件:

(1) A出现，B与C不出现;

(2) A与B都出现，而C不出现;

(3) A,B,C都出现;

(4) A,B,C中至少有一个出现;

(5) A,B,C都不出现;

(6) A,B,C中不多于一个出现;

(7) A,B,C中不多于两个出现;

(8) A,B,C中至少有两个出现。

2. 在图书馆中任选一本书，设$A=\{$数学书$\}$，$B=\{$中文图书$\}$，$C=\{$平装书$\}$。

(1) 说明事件$AB\overline{C}$的实际意义;

(2) 在什么条件下有$ABC=A$?

(3) $\overline{C}\subset B$表示什么意思?

(4) 若$\overline{A}=B$，是否意味着图书馆中所有数学书都不是中文版的?

3. 把编上号码的5台车床排成一列，共有多少种不同排法?

4. 7个学生在假期约定，每两人互通一封信，每两人互通一次电话。问:

(1) 共通信几封?

(2) 共通电话几次?

5. 有15人参加乒乓球单循环赛(即每2人都要比赛一场)，问：一共比赛几场?

6. 数字1,2,3可以组成多少个没有重复数字的三位数?

7. 从5名男生和4名女生中选3名代表参加数学竞赛，要求至少有2名男生，问：一共有多少种选法?

8. 5个学生站成一排，问:

(1) 有几种不同站法?

(2) 其中学生甲必须站在中间，有几种不同站法?

(3) 其中甲、乙两学生必须相邻，有几种不同站法?

(4) 其中学生甲不站在排头，有几种不同站法?

9. 在4张同样的卡片上分别写有字母D、D、E、E，现在将4张卡片随意排成一列，求恰好排成英文单词DEED的概率 P。

10. 自标号为 $1,2,\cdots,100$ 的100个同型号灯泡中等可能地任选一个，试求下列事件的概率:

(1) $A=\{$取得号数不超过16的灯泡$\}$;

(2) $B=\{$取得偶数号灯泡$\}$;

(3) $C=\{$取得号数为3的倍数的灯泡$\}$;

(4) $D=\{$所取灯泡号数$\}<5^3$。

11. 电话号码由5个数字组成，每个数字可以是 $0,1,2,\cdots,9$ 共10个数字中的任一个数，求电话号码由完全不同的数字所组成的概率。

12. 一口袋内有5个红球、3个白球、2个黑球，计算任取3个球恰好为一红、一白、一黑的概率。

13. 两封信随机地投入四个邮筒，求:

(1) 前两个邮筒内没有信的概率;

(2) 第二个邮筒内只有一封信的概率。

14. 房间里有10个人，分别佩戴着从1号到10号的胸卡，现等可能地任选3人，记录其胸卡的号码，求:

(1) 最小号码为5的概率;

(2) 最大号码为5的概率。

15. 10把钥匙中有3把能打开门，现任取2把，求能打开门的概率。

16. 袋内装有2个5分、3个2分、5个1分的硬币，任意取出5个，求总数超过1角的概率。

17. 设 A,B,C 是三个事件，且 $P(A)=P(B)=P(C)=\dfrac{1}{4}$，$P(AB)=P(BC)=0$，$P(AC)=\dfrac{1}{8}$，求 A,B,C 至少出现一个的概率。

18. 在椭圆 $\dfrac{x^2}{a^2}+\dfrac{y^2}{b^2}=1$ 内任取一点，求此点落在椭圆 $\dfrac{x^2}{a^2}+\dfrac{y^2}{b^2}=K^2$ $(|K|<1)$ 内的概率。

19. 100件产品中有5件次品，现从中先后任取2件而且不放回，求在第一件取得正品的条件下第二件取到次品的概率。

20. 已知在10个晶体管中有2个次品，在其中先后任取两次，每次取一个不放回抽样，求下列事件的概率:

(1) 两只都是正品;

(2) 两只都是次品;

(3) 一只正品一只次品;

(4) 第二次取出的是次品。

21. 某厂产品中有4%废品，而100件合格品中有75件一等品，试求任取一件产品是一等品的概率。

22. 一批产品100个，次品率为10%，每次从中任取一个，不再放回，求第三次才取到正品的概率。

23. 设10件产品中有4件不合格品，从中任取2件，已知所取的2件产品中至少有一件是不合格品，求另一件也是不合格品的概率。

24. 用3台机床加工同一种零件，零件由各机床加工的概率分别为0.5,0.3,0.2，各机床加工的零件为合格品的概率分别等于0.94,0.9,0.95，求从中任取一件为合格品的概率。

25. 一台机床有$\frac{1}{3}$的时间加工零件A，其余时间加工零件B，加工零件A时停机的概率是0.3，加工零件B时停机的概率是0.4，求这台机床停机的概率。

26. 某商店收进甲厂生产的产品30箱、乙厂生产的同种产品20箱，甲厂每箱装100个，废品率为0.06，乙厂每箱装120个，废品率是0.05。

(1) 求任取一箱，从中任取一个产品为废品的概率;

(2) 若将所有产品开箱混放，求任取一个产品为废品的概率。

27. 有两个口袋，甲袋中盛有两个白球、一个黑球，乙袋中盛有一个白球、两个黑球。由甲袋中任取一个球放入乙袋，再从乙袋中取出一球。

(1) 求取到白球的概率;

(2) 若已知从乙袋中取出的是白球，求从甲袋中取出放入乙袋的球也是白球的概率。

28. 一个工厂有甲、乙、丙三个车间生产同一种螺钉，产量依次占总产量的25%,35%,40%，设各车间的次品率依次为5%,4%,2%。

(1) 求从该厂的螺钉中任取一个是次品的概率;

(2) 若任取一螺钉恰好是次品，求这个次品是由甲车间生产的概率。

29. 甲、乙两人射击，甲击中的概率为0.8，乙击中的概率为0.7，两人同时射击，并假定中靶与否是独立的，求:

(1) 两人都中靶的概率;

(2) 甲中乙不中的概率;

(3) 甲不中乙中的概率。

30. 一个工人看管三台机床，在一小时内甲、乙、丙三台机床需工人照看的概率分别是0.9,0.8,0.85，求在一小时中:

(1) 没有一台机床需要照看的概率;

(2) 至少有一台机床不需要照看的概率;

(3) 至多有一台机床需要照看的概率。

二、综合提高题

1. 以A表示事件“甲种产品畅销，乙种产品滞销”，则A的逆事件$\overline{A}$为(　　)。

A. “甲种产品滞销，乙种产品畅销”

B. “甲、乙两种产品均畅销”

C. “甲种产品滞销”

D. “甲种产品滞销或乙种产品畅销”

2. 设 A,B 是任意两个随机事件，计算 $P\{(\overline{A}+B)(A+B)(\overline{A}+\overline{B})(A+\overline{B})\}$。

3. 设事件 A 与事件 B 互不相容，则(　　)。

A. $P(\overline{A}\overline{B})=0$　　B. $P(AB)=P(A)P(B)$

C. $P(A)=1-P(B)$　　D. $P(\overline{A}+\overline{B})=1$

4. 设 A,B 为随机事件，且 $P(B)>0, P(A|B)=1$，则必有(　　)。

A. $P(A+B)>P(A)$　　B. $P(A+B)>P(B)$

C. $P(A+B)=P(A)$　　D. $P(A+B)=P(B)$

5. 对于任意两个事件 A 和 B，(　　)。

A. 若 $AB\neq\Phi$，则 A 和 B 一定独立

B. 若 $AB\neq\Phi$，则 A 和 B 有可能独立

C. 若 $AB=\Phi$，则 A 和 B 一定独立

D. 若 $AB=\Phi$，则 A 和 B 一定不独立

6. 设 A,B 为随机事件，且 $0<P(A)<1, P(B)>0, P(B|A)=P(B|\overline{A})$，则必有(　　)。

A. $P(B|A)=P(\overline{A}|B)$　　B. $P(A|B)\neq P(\overline{A}|B)$

C. $P(AB)=P(A)P(B)$　　D. $P(AB)\neq P(A)P(B)$

7. 设 A,B,C 是三个相互独立的随机事件，且 $0<P(AC)<P(C)<1$，则在下列给定的四对事件中不相互独立的是(　　)。

A. $\overline{A+B}$ 与 C　　B. $\overline{AC}$ 与 $\overline{C}$

C. $\overline{A-B}$ 与 $\overline{C}$　　D. $\overline{AB}$ 与 $\overline{C}$

8. 设 A,B 是任意两个事件，其中 A 的概率不等于 0 和 1，证明：$P(B|A)=P(B|\overline{A})$ 是事件 A 与 B 独立的充分必要条件。

9. 将一枚硬币独立地掷两次，引进事件：$A_1=$“掷第一次出现正面”，$A_2=$“掷第二次出现正面”，$A_3=$“正、反面各出现一次”，$A_4=$“正面出现两次”，则事件(　　)。

A. A_1,A_2,A_3 相互独立　　B. A_2,A_3,A_4 相互独立

C. A_1,A_2,A_3 两两独立　　D. A_2,A_3,A_4 两两独立

10. 一实习生用同一台机器接连独立地制造 3 个同种零件，第 i 个零件是不合格品的概率 $p_i=\dfrac{1}{i+1}\,(i=1,2,3)$，以 X 表示 3 个零件中合格品的个数，求 $P\{X=2\}$。

11. 从数 1,2,3,4 中任取一个数，记为 X，再从 $1,\cdots,X$ 中任取一个数，记为 Y，求 $P\{Y=2\}$。

12. 袋中有 50 个乒乓球，其中 20 个是黄球、30 个是白球，有两人依次随机地从袋中各取一球，取后不放回，求第二个人取得黄球的概率。

13. 设有来自三个地区的各 10 名、15 名和 25 名考生的报名表，其中女生的报名表分别为 3 份、7 份和 5 份。随机地取一个地区的报名表，从中先后抽出 2 份。

(1) 求先抽取的一份是女生表的概率 p；

(2) 已知后抽到的一份是男生表，求先抽到的一份是女生表的概率 q。

14. 考虑一元二次方程 $x^2+Bx+C=0$，其中 B,C 分别是将一枚骰子接连掷两次先后出现的点数，求该方程有实根的概率 p 和有重根的概率 q。

15. 在区间 $(0,1)$ 中随机地取两个数，求两数之差的绝对值小于 $\frac{1}{2}$ 的概率。

16. 随机地向半圆 $0<y<\sqrt{2ax-x^2}$ $(a>0)$ 内掷一点，点落在半圆内任何区域的概率与区域的面积成正比，求原点和该点的连线与 x 轴的夹角小于 $\frac{\pi}{4}$ 的概率。

第 2 章　随机变量及其分布

2.1　随 机 变 量

为了进一步研究随机事件的概率，需要将随机试验中的各随机事件以统一形式表示，并引进数学工具——微积分。由于微积分的主要研究对象是变量与函数，所以首先需要将随机事件数量化，然后利用微积分理论与方法，研究随机事件的概率。

定义 2-1 设随机试验 E 的基本事件空间为 $\Omega=\{\omega\}$，$X=X(\omega)$ 是定义在 Ω 上的单值实函数，则称 $X=X(\omega)$ 为随机变量。

[注] (1) 由于试验结果 ω 是随机的，所以变量 $X=X(\omega)$ 的取值也是随机的。

(2) 随机变量 $X=X(\omega)$ 是基本事件 ω 的函数，为方便起见，通常记作 X，而随机事件 $\{\omega \mid X(\omega)\leqslant x\},\{\omega \mid a<X(\omega)\leqslant b\}$ 也可以简记为 $\{X\leqslant x\},\{a<X\leqslant b\}$。

例 2-1 随机试验 E——掷硬币观察其面，其基本事件空间是 $\Omega=\{$“正面”，“反面”$\}$。可定义随机变量 $X=\begin{cases}0, & \omega=\text{“反面”}\\ 1, & \omega=\text{“正面”}\end{cases}$，于是事件 $A=\{\text{“正面”}\}=\{X=1\}$。

例 2-2 随机试验 E——从一批灯泡中任取一个测量其寿命(单位：小时)。其基本事件空间是 $\Omega=[0,+\infty)$。可定义随机变量 X 表示所测灯泡的寿命，于是

$$A=\{\text{所测灯泡寿命大于 500 小时}\}=\{X>500\}$$

$$B=\{\text{所测灯泡寿命介于 500 至 2000 小时之间}\}=\{500\leqslant X\leqslant 2000\}$$

[注] 一般来说，随机变量表示的事件有 $\{X\leqslant x\},\{X>x\},\{a<X\leqslant b\}$ 等常见形式，并且它们之间可以进行运算。

2.2　离散型随机变量及其分布

1. 离散型随机变量的分布

定义 2-2 若随机变量 X 的全部可能取值只有有限多个或可列多个(X 的全部可能取值可以一一列举出来)，则称 X 为离散型随机变量；若当 X 取值 x_k 时，其概率函数为

$$P\{X = x_k\} = p_k \quad (k = 1,2,\cdots) \tag{2-1}$$

则称该概率函数为 X 的概率分布或分布律。

该函数多用函数的列表形式表示为

X	x_1	x_2	$\cdots$	x_k	$\cdots$
P	p_1	p_2	$\cdots$	p_k	$\cdots$

离散型随机变量 X 的概率分布的性质如下。

(1) 非负性：$p_k \geqslant 0$。

(2) 规范性：$\sum\limits_{k=1}^{\infty} p_k = 1$。

例 2-3 设袋中装有标号为-1,2,2,2,3,3 数字的同型号六个球，现从袋中任取一球，令 X 表示所取球上的标号，求 X 的概率分布。

解 X 的可能取值为-1,2,3，且

$$P\{X=-1\}=\frac{1}{6}，P\{X=2\}=\frac{3}{6}=\frac{1}{2}，P\{X=3\}=\frac{2}{6}=\frac{1}{3}$$

故 X 的概率分布为

X	-1	2	3
P	$\frac{1}{6}$	$\frac{1}{2}$	$\frac{1}{3}$

2. 几种重要的离散型随机变量的分布

1) 0-1分布

定义 2-3 若 X 的概率分布为

X	0	1
P	$1-p$	p

则称 X 服从参数为 p 的0-1分布。

应用领域：0-1分布主要用于研究只有两个基本事件($\Omega = \{\omega_1, \omega_2\}$)的随机试验。

例 2-4 一批产品的废品率为 5%，从中任取一个进行检查，若令 X 表示取得废品的数量，写出 X 的概率分布。

解 X 的概率分布为

X	0	1
P	0.95	0.05

2) 几何分布

定义 2-4 若 X 的概率分布为

$$P\{X=k\}=(1-p)^{k-1}p \quad (0<p<1，k=1,2,\cdots) \tag{2-2}$$

则称 X 服从参数为 p 的几何分布，记作 $X \sim G(p)$。

应用领域：几何分布主要用于研究连续独立重复试验中首次取得成功所需的试验次数。

例 2-5 社会上定期发行某种奖券，每券一元，中奖率为 p，某人每次购买一张奖券，如果没有中奖，下次继续购买一张，直到中奖为止，求该人购买奖券次数 X 的概率分布。

解 令 $A_k=\{$第 k 次购买的奖券中奖$\}$ $(k=1,2,3,\cdots)$，则 $P(A_k)=p$，$P(\overline{A}_k)=1-p$。

由于 $A_1,A_2,A_3,\cdots$ 相互独立，于是

$$P(X=1)=P(A_1)=p$$

$$P(X=2)=P(\overline{A}_1A_2)=P(\overline{A}_1)P(A_2)=(1-p)p$$

$$P(X=3)=P(\overline{A}_1\overline{A}_2A_3)=P(\overline{A}_1)P(\overline{A}_2)P(A_3)=(1-p)^2p$$

$$\vdots$$

$$P(X=k)=P(\overline{A}_1\overline{A}_2\cdots\overline{A}_{k-1}A_k)=P(\overline{A}_1)P(\overline{A}_2)\cdots P(\overline{A}_{k-1})P(A_k)=(1-p)^{k-1}p$$

故 X 的概率分布为

X	1	2	3	$\cdots$	k	$\cdots$
P	p	$(1-p)p$	$(1-p)^2p$	$\cdots$	$(1-p)^{k-1}p$	$\cdots$

3) 二项分布

若试验 E 只有两种可能结果，一种是事件 A $(P(A)=p)$ 出现，另一种是事件 $\overline{A}$ 出现，则称试验 E 为伯努利(Bernoulli)试验。现将试验 E 独立重复 n 次，在这 n 重伯努利试验中，若用 X 表示事件 A 出现的次数，求 $P\{X=k\}$，即求在这 n 重伯努利试验中事件 A 恰好出现 k 次的概率。

第 i 次试验中事件 A 出现的次数记作 X_i $(i=1,2,\cdots,n)$，显然 $X_1,X_2,\cdots,X_n$ 相互独立，且 $P\{X_i=k\}=p^k(1-p)^{1-k}(k=0,1)$，又因 $X=X_1+X_2+\cdots+X_n$，于是

$$P\{X=0\}=P\{X_1=0,X_2=0,\cdots,X_n=0\}=\prod_{i=1}^{n}P\{X_i=0\}=(1-p)^n$$

$$P\{X=1\}=P\left\{X_i=1,\prod_{j\neq i}\{X_j=0\}\right\}=\sum_{i=1}^{n}P\{X_i=1\}\prod_{j\neq i}P\{X_j=0\}=\sum_{i=1}^{n}p(1-p)^{n-1}=np(1-p)^{n-1}$$

$$P\{X=2\}=P\left\{X_i=1,X_j=1,\prod_{k\neq i,j}\{X_k=0\}\right\}$$

$$=\sum_{1\leqslant i<j\leqslant n}P\{X_i=1\}P\{X_j=1\}\prod_{k\neq i,j}P\{X_k=0\}=C_n^2p^2(1-p)^{n-2}$$

以此类推，有

$$P\{X=k\}=C_n^kp^k(1-p)^{n-k}\ (k=0,1,2,\cdots,n)$$

[注] $P\{X_i=x_i,X_j=x_j\}=P\{(X_i=x_i)(X_j=x_j)\}$，表示事件 $\{X_i=x_i\}$ 与事件 $\{X_j=x_j\}$ 都出现的概率。

定义 2-5 若 X 的概率分布为

$$P\{X=k\}=C_n^kp^k(1-p)^{n-k}\ (0<p<1),\quad k=0,1,2,\cdots,n \tag{2-3}$$

则称 X 服从参数为 n,p 的二项分布，记作 $X\sim B(n,p)$。

应用领域：设试验 E 只有两种可能结果，一种是事件 A $(P(A)=p)$ 出现，另一种是事件 $\overline{A}$ 出现。现将试验 E 独立重复 n 次，在这 n 次试验中，若 X 为事件 A 出现的次数，则

$X \sim B(n,p)$，即

$$P\{X=k\}=C_n^k p^k (1-p)^{n-k} \ (k=0,1,2,\cdots,n)$$

例 2-6 一批产品的废品率为 0.03，进行 20 次独立重复抽样，求出现废品的频率为 0.1 的概率。

解 令 X 表示在这 20 次独立重复抽样中出现的废品数，则 $X \sim B(20, 0.03)$，于是

$$P\left\{\frac{X}{20}=0.1\right\}=P\{X=2\}=C_{20}^2 \times (0.03)^2 \times (0.97)^{18} \approx 0.0988$$

4) 泊松(Poisson)分布

定义 2-6 若 X 的概率分布为

$$P\{X=k\}=\frac{\lambda^k}{k!}\mathrm{e}^{-\lambda} \ (\lambda>0), \quad k=0,1,2,\cdots \tag{2-4}$$

则称 X 服从参数为 λ 的泊松分布，记作 $X \sim P(\lambda)$。

应用领域：泊松分布主要用于研究大量重复独立试验中稀有事件出现的概率。不幸事件、意外事故、故障、非常见病、自然灾害等都属于稀有事件。

泊松定理：若 $X \sim B(n,p)$，且 n 很大 p 很小，若令 $\lambda=np$，则有

$$C_n^k p^k (1-p)^{n-k} \approx \frac{\lambda^k}{k!}\mathrm{e}^{-\lambda} \tag{2-5}$$

[注] 泊松分布的概率可以通过查“泊松分布表”(见附录中附表 1)获得。

例 2-7 有 20 台同类设备由一人负责维修，各台设备发生故障的概率为 0.01，且各台设备工作与否相互独立，试求设备发生故障而不能及时维修的概率。

解 由于只有一人维修设备，所以某时刻若同时有两台及以上设备都出现故障就不能及时维修。令 X 表示某时刻发生故障的设备数，则 $X \sim B(20,0.01)$。于是，若令 $\lambda=np=20\times 0.01=0.2$，由泊松定理及查泊松分布表得

$$P\{X \geqslant 2\}=1-P\{X \leqslant 1\}=1-\sum_{k=0}^{1}P\{X=k\}=1-\sum_{k=0}^{1}C_{20}^k \times (0.01)^k \times (1-0.01)^{20-k}$$

$$\approx 1-\sum_{k=0}^{1}\frac{(0.2)^k}{k!}\mathrm{e}^{-0.2}=1-0.818731-0.163746=0.0175$$

5) 超几何分布

定义 2-7 若 X 的概率分布为

$$P\{X=k\}=\frac{C_M^k C_{N-M}^{n-k}}{C_N^n} \ (k=0,1,\cdots,T=\min\{n,M\}) \tag{2-6}$$

其中 N,M,n 都是正整数，则称 X 服从参数为 N,M,n 的超几何分布，记作 $X \sim H(N,M,n)$。

应用领域：设 N 个元素分为两类，第一类有 M 个元素，第二类有 $N-M$ 个元素，现从 N 个元素中任取(不重复抽样) n 个元素，若 X 为被抽到的 n 个元素中所含第一类元素的个数，则 $X \sim H(N,M,n)$，即

$$P\{X=k\}=\frac{C_M^k C_{N-M}^{n-k}}{C_N^n} (k=0,1,\cdots,T=\min\{n,M\})$$

例 2-8 某班有学生 20 名，其中有 5 名女生，现从班上任选 4 名学生去参观展览，求

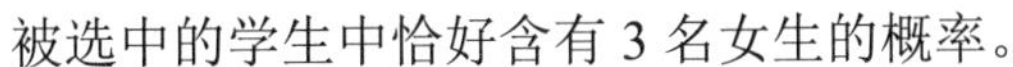
被选中的学生中恰好含有 3 名女生的概率。

解 设 X 为被选中的 4 名学生中的女生人数，则 $X \sim H(20,5,4)$，于是

$$P\{X=3\}=\frac{C_5^3 C_{15}^{4-3}}{C_{20}^4}\approx 0.031$$

2.3　随机变量的分布函数

定义 2-8 设 X 是随机变量，对 $\forall x \in \mathbf{R}$，称函数

$$F(x)=P\{X \leqslant x\} \tag{2-7}$$

为 X 的分布函数。

[注]　分布函数 $F(x)$ 就是随机变量 X 落入区间 $(-\infty, x]$ 上的概率。

分布函数的性质如下。

(1) 单调不减性：对 $\forall x_1 < x_2$，恒有 $F(x_1) \leqslant F(x_2)$。

(2) 规范性：$F(-\infty)=\lim\limits_{x\to-\infty} F(x)=0$，$F(+\infty)=\lim\limits_{x\to+\infty} F(x)=1$。

(3) 右连续性：对 $\forall x_0$，恒有 $F(x_0+0)=\lim\limits_{x\to x_0^+} F(x)=F(x_0)$。

[注]　离散型随机变量的分布函数为

$$F(x)=P\{X \leqslant x\}=\sum_{x_k \leqslant x} P\{X=x_k\} \tag{2-8}$$

例 2-9 某产品 40 件，其中次品 3 件，现从中任取 3 件。

(1) 求取出的 3 件产品中所含次品数 X 的分布律；

(2) 求取出的产品中至少有一件次品的概率；

(3) 求 X 的分布函数 $F(x)$，并作其图像。

解 (1) $P\{X=0\}=\dfrac{C_{37}^3}{C_{40}^3}=0.7865$，$P\{X=1\}=\dfrac{C_3^1 C_{37}^2}{C_{40}^3}=0.2022$

$$P\{X=2\}=\frac{C_3^2 C_{37}^1}{C_{40}^3}=0.0112,\quad P\{X=3\}=\frac{C_3^3}{C_{40}^3}=0.0001$$

于是 X 的分布律为

X	0	1	2	3
P	0.7865	0.2022	0.0112	0.0001

(2) 被取得的 3 件产品中至少含有一件次品的概率为

$$P\{X \geqslant 1\}=P\{X=1\}+P\{X=2\}+P\{X=3\}=0.2022+0.0112+0.0001=0.2135$$

或

$$P\{X \geqslant 1\}=1-P\{X=0\}=1-0.7865=0.2135$$

(3) 由分布函数定义得

$$F(x)=P\{X\leqslant x\}=\begin{cases}0, & x<0\\ 0.7865, & 0\leqslant x<1\\ 0.9887, & 1\leqslant x<2\\ 0.9999, & 2\leqslant x<3\\ 1, & x\geqslant 3\end{cases}$$

$F(x)$ 的图像如图 2-1 所示。

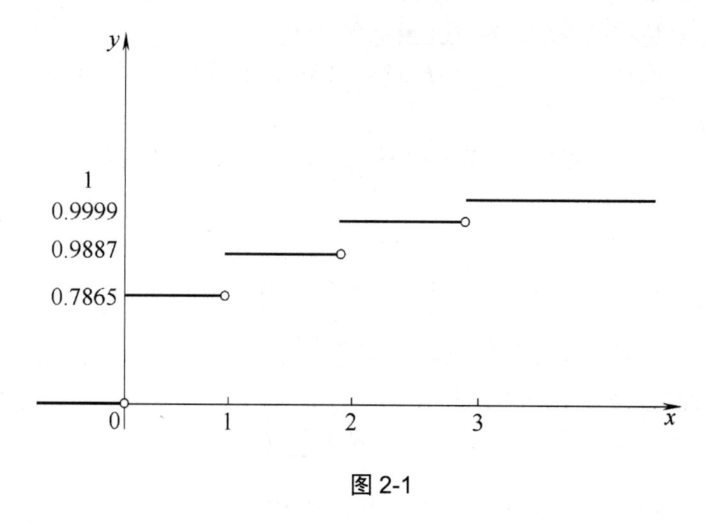

图 2-1

离散型随机变量分布函数的图像有如下特点：①阶梯形；②仅在其可能取值处有跳跃；③其跳跃度为此随机变量在该处取值的概率。

2.4　连续型随机变量及其分布

1. 连续型随机变量的分布

所谓连续型随机变量，直观上讲，指随机变量的可能取值应充满某个区间且其分布函数连续。

首先，考虑 X 落在区间 $(x,x+\Delta x]$ 内的概率，即

$$P\{x<X\leqslant x+\Delta x\}=P\{X\leqslant x+\Delta x\}-P\{X\leqslant x\}=F(x+\Delta x)-F(x)$$

其次，求出 X 落在区间 $(x,x+\Delta x]$ 内的平均概率密度为

$$\frac{P\{x<X\leqslant x+\Delta x\}}{\Delta x}=\frac{F(x+\Delta x)-F(x)}{\Delta x}$$

最后，取极限，得到 X 在 x 处的概率密度为

$$\lim_{\Delta x\to 0}\frac{P\{x<X\leqslant x+\Delta x\}}{\Delta x}=\lim_{\Delta x\to 0}\frac{F(x+\Delta x)-F(x)}{\Delta x}=F'(x)$$

若令 $f(x)=F'(x)\geqslant 0$，则有

$$\int_{-\infty}^{x}f(t)\mathrm{d}t=\int_{-\infty}^{x}F'(t)\mathrm{d}t=F(x)-F(-\infty)=F(x)$$

定义 2-9　设 X 是随机变量，$F(x)$ 是其分布函数，若存在一个非负可积函数 $f(x)$，

使得对 $\forall x \in \mathbf{R}$，恒有

$$F(x)=P\{X \leqslant x\}=\int_{-\infty}^{x} f(t)\mathrm{d}t \tag{2-9}$$

则称 X 为连续型随机变量，$f(x)$ 为 X 的概率密度函数。

连续型随机变量密度函数与分布函数的性质如下。

(1) 非负性：$f(x) \geqslant 0$，$x \in \mathbf{R}$。

(2) 规范性：$\int_{-\infty}^{+\infty} f(x)\mathrm{d}x=1$。

(3) $F(x)$ 在 $(-\infty,+\infty)$ 内连续。

(4) 若 $f(x)$ 在 x 处连续，则 $F'(x)=f(x)$。

(5) $P\{X=c\}=0$。

(6) $P\{X \leqslant b\}=P\{X<b\}=F(b)=\int_{-\infty}^{b} f(x)\mathrm{d}x$。

(7) $P\{X \geqslant a\}=P\{X>a\}=1-F(a)=\int_{a}^{+\infty} f(x)\mathrm{d}x$。

(8) 若 $a<b$，则

$$\begin{aligned} P\{a \leqslant X \leqslant b\}&=P\{a<X \leqslant b\}=P\{a \leqslant X<b\}=P\{a<X<b\} \\ &=F(b)-F(a)=\int_{a}^{b} f(x)\mathrm{d}x \end{aligned}$$

[注] (1) 概率为 0 的事件不一定是不可能事件，称为几乎不可能事件；同样，概率为 1 的事件也不一定是必然事件。

(2) 连续型随机变量 X 完全由其概率密度函数 $f(x)$ 所确定，于是通常记作 $X \sim f(x)$。

几何解释：

(1) $f(x) \geqslant 0$，表示密度函数曲线 $y=f(x)$ 在 x 轴上方。

(2) $\int_{-\infty}^{+\infty} f(x)\mathrm{d}x=1$，表示密度函数曲线 $y=f(x)$ 与 x 轴所围图形的面积等于 1。

(3) $P\{a<X<b\}=\int_{a}^{b} f(x)\mathrm{d}x$，表示 X 落在区间 (a,b) 内的概率等于以区间 (a,b) 为底，以密度函数曲线 $y=f(x)$ 为顶的曲边梯形面积，如图 2-2 所示。

(4) $F(x)$ 就是以密度函数曲线 $f(x)$ 为顶，以 x 轴为底，从 $-\infty$ 到 x 的一块面积。

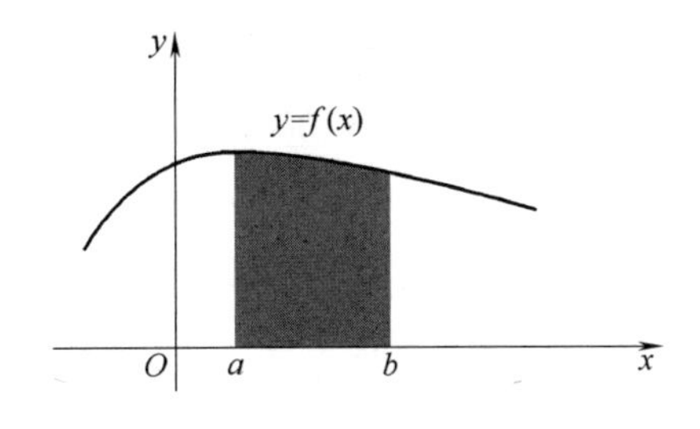

图 2-2

例 2-10 若 $X \sim f(x)=\begin{cases} kx+1, & 0 \leqslant x \leqslant 2 \\ 0, & \text{其他} \end{cases}$，求：

(1) 系数 k；

(2) 分布函数 $F(x)$；

(3) 概率 $P\{1.5<X<2.5\}$。

解 (1) 由

$$1=\int_{-\infty}^{+\infty}f(x)\mathrm{d}x=\int_0^2(kx+1)\mathrm{d}x=\left(\frac{1}{2}kx^2+x\right)\Big|_0^2=2k+2$$

解得 $k=-\frac{1}{2}$，于是 X 的概率密度函数为

$$f(x)=\begin{cases}-\frac{1}{2}x+1, & 0\leqslant x\leqslant 2\\ 0, & \text{其他}\end{cases}$$

(2) 当 $x<0$ 时，$F(x)=\int_{-\infty}^{x}0\,\mathrm{d}t=0$。

当 $0\leqslant x\leqslant 2$ 时：

$$F(x)=\int_{-\infty}^{x}f(t)\,\mathrm{d}t=\int_{-\infty}^{0}0\,\mathrm{d}t+\int_0^x\left(-\frac{1}{2}t+1\right)\mathrm{d}t=\left(-\frac{1}{4}t^2+t\right)\Big|_0^x=-\frac{1}{4}x^2+x$$

当 $x>2$ 时：

$$F(x)=\int_{-\infty}^{x}f(t)\,\mathrm{d}t=\int_{-\infty}^{0}0\,\mathrm{d}t+\int_0^2\left(-\frac{1}{2}t+1\right)\mathrm{d}t+\int_2^x 0\,\mathrm{d}t=\left(-\frac{1}{4}t^2+t\right)\Big|_0^2=1$$

综上得

$$F(x)=\begin{cases}0, & x<0\\ -\frac{1}{4}x^2+x, & 0\leqslant x\leqslant 2\\ 1, & x>2\end{cases}$$

(3) $P\{1.5<X<2.5\}=F(2.5)-F(1.5)=1-\left(-\frac{1}{4}\times 1.5^2+1.5\right)=\frac{1}{16}$。

例 2-11 一种电子管的使用寿命为 X 小时，其概率密度函数为 $f(x)=\begin{cases}\frac{100}{x^2}, & x\geqslant 100\\ 0, & x<100\end{cases}$。某仪器内装有三个这样的电子管，试求使用 150 小时内只有一个电子管需要更换的概率。

解 一个电子管使用寿命不超过 150 小时的概率为

$$P\{X\leqslant 150\}=\int_{-\infty}^{150}f(x)\,\mathrm{d}x=\int_{100}^{150}\frac{100}{x^2}\,\mathrm{d}x=-\frac{100}{x}\Big|_{100}^{150}=1-\frac{100}{150}=\frac{1}{3}$$

令 Y 表示该仪器使用 150 小时内损坏的电子管数，则 $Y\sim B\left(3,\frac{1}{3}\right)$，于是此仪器工作 150 小时内仅需要更换一个电子管的概率为

$$P\{Y=1\}=C_3^1\times\left(\frac{1}{3}\right)\times\left(\frac{2}{3}\right)^2=\frac{4}{9}$$

2. 几种重要的连续型随机变量的分布

1) 均匀分布

定义 2-10 若随机变量 X 的概率密度函数为

$$f(x)=\begin{cases}\dfrac{1}{b-a}, & a\leqslant x\leqslant b\\ 0, & \text{其他}\end{cases} \tag{2-10}$$

则称 X 在区间 $[a,b]$ 上服从均匀分布，记作 $X\sim U[a,b]$。

应用领域：若向区间 $[a,b]$ 均匀投掷一随机点 X (即① X 必定落入区间 $[a,b]$；② X 落入 $[a,b]$ 内任意子区间的概率只与子区间的长度成正比，而与子区间在 $[a,b]$ 中的位置无关)，则 $X\sim U[a,b]$。

若 $X\sim U[a,b]$，则 X 的分布函数为

$$F(x)=\begin{cases}0, & x<a\\ \dfrac{x-a}{b-a}, & a\leqslant x\leqslant b\\ 1, & x>a\end{cases} \tag{2-11}$$

[注] 若 $X\sim f(x)=\begin{cases}\dfrac{1}{b-a}, & a<x<b\\ 0, & \text{其他}\end{cases}$，则称 X 在区间 (a,b) 内服从均匀分布，记作 $X\sim U(a,b)$。

例 2-12 某公共汽车从上午 7:00 起每隔 15 分钟有一趟班车经过某车站，即 7:00,7:15,7:30,…时刻有班车到达此车站。如果某乘客是在 7:00～7:30 等可能地到达此车站候车，求他候车不超过 5 分钟便能乘上汽车的概率。

解 设乘客于 7:00 过 X 分钟到达车站，则 $X\sim U[0,30]$，其分布函数为

$$F(x)=\begin{cases}0, & x<0\\ \dfrac{x}{30}, & 0\leqslant x\leqslant 30\\ 1, & x>30\end{cases}$$

于是该乘客候车不超过 5 分钟的概率为

$$P\{(10\leqslant X\leqslant 15)+(25\leqslant X\leqslant 30)\}=P\{10\leqslant X\leqslant 15\}+P\{25\leqslant X\leqslant 30\}$$

$$=\left[F(15)-F(10)\right]+\left[F(30)-F(25)\right]=\left(\frac{15}{30}-\frac{10}{30}\right)+\left(\frac{30}{30}-\frac{25}{30}\right)=\frac{1}{3}$$

2) 指数分布

定义 2-11 若随机变量 X 的概率密度函数为

$$f(x)=\begin{cases}\lambda e^{-\lambda x}, & x>0\\ 0, & x\leqslant 0\end{cases}\quad(\lambda>0) \tag{2-12}$$

则称 X 服从参数为 λ 的指数分布，记作 $X\sim E(\lambda)$。

应用领域：指数分布主要用来研究“寿命”问题。例如电子元件的寿命、动物的寿命等都被认为服从指数分布。

若 $X\sim E(\lambda)$，则 X 的分布函数为

$$F(x)=\begin{cases}1-e^{-\lambda x}, & x>0\\ 0, & x\leqslant 0\end{cases} \tag{2-13}$$

例 2-13 设随机变量 X 服从参数为 $\lambda=0.015$ 的指数分布，求：

(1) X 的密度函数 $f(x)$ 及分布函数 $F(x)$；

(2) $P\{X>100\}, P\{100<X\leqslant 200\}$。

解 (1) 由于 $X\sim E(0.015)$，则

$$f(x)=\begin{cases}0.015\mathrm{e}^{-0.015x}, & x>0\\ 0, & x\leqslant 0\end{cases},\qquad F(x)=\begin{cases}1-\mathrm{e}^{-0.015x}, & x>0\\ 0, & x\leqslant 0\end{cases}$$

(2) $P\{X>100\}=1-F(100)=1-(1-\mathrm{e}^{-1.5})=\mathrm{e}^{-1.5}$

$P\{100<X\leqslant 200\}=F(200)-F(100)=(1-\mathrm{e}^{-3})-(1-\mathrm{e}^{-1.5})=\mathrm{e}^{-1.5}-\mathrm{e}^{-3}$

3) 正态分布

定义 2-12 若随机变量 X 的概率密度函数为

$$f(x)=\frac{1}{\sqrt{2\pi}\sigma}\mathrm{e}^{-\frac{(x-\mu)^2}{2\sigma^2}}\quad(-\infty<x<\infty,\ \sigma>0) \tag{2-14}$$

则称 X 服从参数为 μ,σ^2 的正态分布，记作 $X\sim N(\mu,\sigma^2)$。

其相应的分布函数为

$$F(x)=\int_{-\infty}^{x}f(t)\,\mathrm{d}t=\frac{1}{\sqrt{2\pi}\sigma}\int_{-\infty}^{x}\mathrm{e}^{-\frac{(t-\mu)^2}{2\sigma^2}}\mathrm{d}t \tag{2-15}$$

特别地，当 $\mu=0,\sigma=1$，即 $X\sim N(0,1)$ 时，称 X 服从标准正态分布，其相应的密度函数和分布函数分别用下述特别的符号表示。

X 的概率密度函数为

$$\varphi(x)=\frac{1}{\sqrt{2\pi}}\mathrm{e}^{-\frac{x^2}{2}} \tag{2-16}$$

X 的分布函数为

$$\Phi(x)=\frac{1}{\sqrt{2\pi}}\int_{-\infty}^{x}\mathrm{e}^{-\frac{t^2}{2}}\mathrm{d}t \tag{2-17}$$

其函数值可通过查表(见附录中附表 2)求得。

应用领域：若随机变量 X 的取值由众多因素决定，但每一个因素都不能对 X 的取值起决定性作用，则随机变量 X 就认为服从正态分布。

正态分布概率密度函数 $f(x)=\frac{1}{\sqrt{2\pi}\sigma}\mathrm{e}^{-\frac{(x-\mu)^2}{2\sigma^2}}$ 的性质如下。

(1) 由于函数 $f(x)$ 是 $x-\mu$ 的偶函数，所以 $y=f(x)$ 的图像关于直线 $x=\mu$ 对称。

(2) 因 $f'(x)=-\frac{x-\mu}{\sqrt{2\pi}\sigma^3}\mathrm{e}^{-\frac{(x-\mu)^2}{2\sigma^2}}$，则函数 $f(x)$ 在区间 $(-\infty,\mu)$ 内递增，在区间 $(\mu,+\infty)$ 内递减；$x=\mu$ 时，$f(x)$ 取最大值 $f(\mu)=\frac{1}{\sqrt{2\pi}\sigma}$。

(3) 因 $\lim\limits_{x\to\infty}f(x)=\lim\limits_{x\to\infty}\frac{1}{\sqrt{2\pi}\sigma}\mathrm{e}^{-\frac{(x-\mu)^2}{2\sigma^2}}=0$，所以曲线 $y=f(x)$ 以 x 轴为渐近线。

(4) 当 σ 固定时，$y=f(x)$ 图像的形状不变，但图像随 μ 的变化而平移。

(5) 当 μ 固定时，σ 越大，则 $f(x)$ 的图像越缓；σ 越小，则 $f(x)$ 的图像越陡。

图 2-3 是正态分布密度函数 $y=\frac{1}{\sqrt{2\pi}\sigma}e^{-\frac{x^2}{2\sigma^2}}$ 的图像。

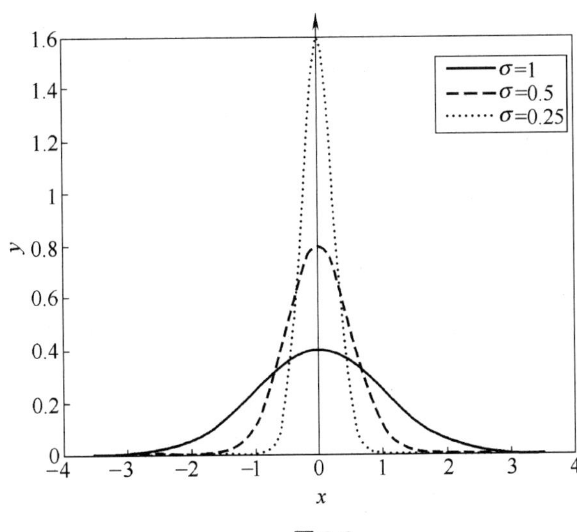

图 2-3

通过积分变量替换，可得正态分布的性质如下。

(1) 若 $X\sim N(\mu,\sigma^2)$，则 $\frac{X-\mu}{\sigma}\sim N(0,1)$。

(2) 若 $X\sim N(\mu,\sigma^2)$，则对 $\forall$ 常数 a,b， $Y=aX+b\sim N(a\mu+b,a^2\sigma^2)$。

(3) 若 $X\sim N(\mu,\sigma^2)$，则其分布函数 $F(x)=\Phi\left(\frac{x-\mu}{\sigma}\right)$。

(4) 若 $X\sim N(0,1)$，则 $\Phi(-x)=1-\Phi(x)$。

例 2-14 若 $X\sim N(10,2^2)$，求 $P\{10<X<13\},P\{X>13.68\},P\{|X-10|<2\},P\{X<22\}$。

解 $P\{10<X<13\}=F(13)-F(10)=\Phi\left(\frac{13-10}{2}\right)-\Phi\left(\frac{10-10}{2}\right)$

$$=\Phi(1.5)-\Phi(0)=0.93319-0.5=0.43319$$

$$P\{X>13.68\}=1-F(13.68)=1-\Phi(1.84)=1-0.96712=0.03288$$

$$P\{|X-10|<2\}=P\{8<X<12\}=F(12)-F(8)=\Phi\left(\frac{12-10}{2}\right)-\Phi\left(\frac{8-10}{2}\right)$$

$$=\Phi(1)-\Phi(-1)=\Phi(1)-[1-\Phi(1)]=2\Phi(1)-1=2\times0.8413-1=0.6826$$

$$P\{X<22\}=F(22)=\Phi\left(\frac{22-10}{2}\right)=\Phi(6)=1$$

例 2-15　从某地乘车前往火车站，有两条路可走：①走市区路程短，但交通拥挤，所需时间 $X_1\sim N(50,100)$；②走郊区路程长，但意外阻塞少，所需时间为 $X_2\sim N(60,16)$。若有 70 分钟可用，应走哪条路线？

解 走市区能及时赶上火车的概率为

$$P\{0\leqslant X_1\leqslant 70\}=F(70)-F(0)=\Phi\left(\frac{70-50}{10}\right)-\Phi\left(\frac{0-50}{10}\right)$$
$$=\Phi(2)-\Phi(-5)=\Phi(2)-[1-\Phi(5)]=0.977\,25-(1-1)=0.977\,25$$

走郊区能及时赶上火车的概率为

$$P\{0\leqslant X_2\leqslant 70\}=F(70)-F(0)=\Phi\left(\frac{70-60}{4}\right)-\Phi\left(\frac{0-60}{4}\right)$$
$$=\Phi(2.5)-\Phi(-15)=\Phi(2.5)-[1-\Phi(15)]=0.9938$$

故应走郊区路线。

例 2-16 假设随机测量的误差 $X\sim N(0,10^2)$，求在 100 次独立重复测量中至少 3 次测量的绝对误差大于 19.6 的概率的近似值。

解 由 $X\sim N(0,10^2)$，则 1 次测量的绝对误差大于 19.6 的概率为

$$P\{|X|>19.6\}=P\{(X<-19.6)+(X>19.6)\}=P\{X<-19.6\}+P\{X>19.6\}$$
$$=F(-19.6)+[1-F(19.6)]=\Phi\left(-\frac{19.6}{10}\right)+\left[1-\Phi\left(\frac{19.6}{10}\right)\right]$$
$$=[1-\Phi(1.96)]+[1-\Phi(1.96)]=2\times(1-0.975)=0.05$$

若令 Y 为 100 次独立重复测量中事件 $\{|X|>19.6\}$ 出现的次数，则 $Y\sim B(100,0.05)$。若再令 $\lambda=100\times0.05=5$，由泊松定理及查泊松分布表得

$$P\{Y\geqslant 3\}=1-P\{Y\leqslant 2\}=1-\sum_{k=0}^{2}P\{Y=k\}=1-\sum_{k=0}^{2}C_{100}^{k}\times(0.05)^k\times(0.95)^{100-k}\approx1-\sum_{k=0}^{2}\frac{5^k}{k!}e^{-5}$$
$$=1-0.006\,738-0.033\,69-0.084\,224=0.875\,348$$

2.5 随机变量函数的分布

1. 离散型

若 X 的概率分布为

X	x_1 x_2 $\cdots$ x_k $\cdots$
P	p_1 p_2 $\cdots$ p_k $\cdots$

则随机变量函数 $Y=g(X)$ (其中 g 是连续函数)的概率分布为

$Y=g(X)$	$g(x_1)$ $g(x_2)$ $\cdots$ $g(x_k)$ $\cdots$
P	p_1 p_2 $\cdots$ p_k $\cdots$

若有某些 $g(x_i)$ 相等，则应将相应的 p_i 相加作为 $g(x_i)$ 的概率。

例 2-17 设随机变量 X 的分布律为

X	-1	0	1	2	$\frac{3}{2}$
P	$\frac{2}{10}$	$\frac{1}{10}$	$\frac{1}{10}$	$\frac{3}{10}$	$\frac{3}{10}$

求：(1) $Y=X+1$ 的分布律；(2) $Z=2X^2$ 的分布律。

解 (1) $Y=X+1$ 的分布律为

$Y=X+1$	0	1	2	3	$\frac{5}{2}$
P	$\frac{2}{10}$	$\frac{1}{10}$	$\frac{1}{10}$	$\frac{3}{10}$	$\frac{3}{10}$

(2) $Z=2X^2$ 的分布律为

$Z=2X^2$	0	2	8	$\frac{9}{2}$
P	$\frac{1}{10}$	$\frac{3}{10}$	$\frac{3}{10}$	$\frac{3}{10}$

[注] 由于当 $X=-1$ 与 $X=1$ 时，$Z=2X^2$ 的值都是 2，因此应将其合并，相应的概率相加。

2. 连续型

设连续型随机变量 X 的密度函数为 $f_X(x)$，若 $y=g(x)$ 是单调可导函数，求 $Y=g(X)$ 的密度函数 $f_Y(y)$ 的方法如下：因 $\left[P\{X\leqslant x\}\right]'=F_X'(x)=f_X(x)$，$f_Y(y)=F_Y'(y)=\left[P\{Y\leqslant y\}\right]'$。

(1) 若 $y=g(x)$ 是单调递增的，则

$$\begin{aligned}f_Y(y)=F_Y'(y)&=\left[P\{Y\leqslant y\}\right]'=\left[P\{g(X)\leqslant y\}\right]'=\left[P\{X\leqslant g^{-1}(y)\}\right]'\\&=\left[F_X(g^{-1}(y))\right]'=f_X\left[g^{-1}(y)\right]\left[g^{-1}(y)\right]'\end{aligned}\tag{2-18}$$

(2) 若 $y=g(x)$ 是单调递减的，则

$$\begin{aligned}f_Y(y)=F_Y'(y)&=\left[P\{Y\leqslant y\}\right]'=\left[P\{g(X)\leqslant y\}\right]'=\left[P\{X\geqslant g^{-1}(y)\}\right]'\\&=\left[1-F_X(g^{-1}(y))\right]'=-f_X\left[g^{-1}(y)\right]\left[g^{-1}(y)\right]'\end{aligned}\tag{2-19}$$

例 2-18 设 $X\sim f_X(x)=\begin{cases}\dfrac{2}{\pi(1+x^2)}, & x>0\\ 0, & x\leqslant 0\end{cases}$，$Y=\ln X$，求 Y 的概率密度函数 $f_Y(y)$。

解 $f_Y(y)=F_Y'(y)=\left[P\{Y\leqslant y\}\right]'=\left[P\{\ln X\leqslant y\}\right]'=\left[P\{X\leqslant \mathrm{e}^y\}\right]'$

$$=\left[F_X(\mathrm{e}^y)\right]'=f_X(\mathrm{e}^y)[\mathrm{e}^y]'=\frac{2}{\pi[1+(\mathrm{e}^y)^2]}\mathrm{e}^y=\frac{2\mathrm{e}^y}{\pi[1+\mathrm{e}^{2y}]}$$

小　　结

1. 随机变量的分布函数

(1) 分布函数：设 X 是随机变量，对 $\forall x\in\mathbf{R}$，称函数

$$F(x)=P\{X\leqslant x\}$$

为 X 的分布函数。

(2) 分布函数的性质。

① 单调不减性：对 $\forall x_1 < x_2$，恒有 $F(x_1) \leqslant F(x_2)$。

② 规范性：$F(-\infty) = \lim\limits_{x \to -\infty} F(x) = 0$，$F(+\infty) = \lim\limits_{x \to +\infty} F(x) = 1$。

③ 右连续性：对 $\forall x_0$，恒有 $F(x_0 + 0) = \lim\limits_{x \to x_0^+} F(x) = F(x_0)$。

[注] (1) 分布函数 $F(x)$ 的定义域是 $(-\infty, +\infty)$，值域是 $[0,1]$。

(2) 如果已知某随机变量的分布函数，则可将求该随机变量落入某区间的概率转变成计算其分布函数值的问题。

2. 离散型随机变量

(1) 离散型随机变量：若随机变量 X 的全部可能取值只有有限多个或可列多个(X 的全部可能取值可以一一列举出来)，则称 X 为离散型随机变量。

(2) 离散型随机变量的概率分布：若当 X 取值 x_k 时，其概率函数为

$$P\{X = x_k\} = p_k (k = 1, 2, \cdots)$$

则称该概率函数为 X 的概率分布或分布律。该函数多用函数的列表形式表示为

X	x_1 x_2 $\cdots$ x_k $\cdots$
P	p_1 p_2 $\cdots$ p_k $\cdots$

(3) 离散型随机变量 X 的概率分布的性质。

① 非负性：$p_k \geqslant 0$。

② 规范性：$\sum\limits_{k=1}^{\infty} p_k = 1$。

3. 连续型随机变量

(1) 连续型随机变量：设 X 是随机变量，$F(x)$ 是其分布函数，若存在一个非负可积函数 $f(x)$，使得对 $\forall x \in \mathbf{R}$，恒有

$$F(x) = P\{X \leqslant x\} = \int_{-\infty}^{x} f(t) \mathrm{d}t$$

则称 X 为连续型随机变量，$f(x)$ 为 X 的概率密度函数。

[注] 有些随机变量既不是离散型的也不是连续型的。

(2) 连续型随机变量密度函数与分布函数的性质。

① 非负性：$f(x) \geqslant 0,\ x \in \mathbf{R}$。

② 规范性：$\int_{-\infty}^{+\infty} f(x) \mathrm{d}x = 1$。

③ $F(x)$ 在 $(-\infty, +\infty)$ 内连续。

④ 若 $f(x)$ 在 x 处连续，则 $F'(x) = f(x)$。

⑤ $P\{X = c\} = 0$。

⑥ $P\{X \leqslant b\} = P\{X < b\} = F(b) = \int_{-\infty}^{b} f(x) \mathrm{d}x$。

⑦ $P\{X \geqslant a\} = P\{X > a\} = 1 - F(a) = \int_{a}^{+\infty} f(x) \mathrm{d}x$。

⑧ 若 $a<b$，则

$$P\{a \leqslant X \leqslant b\}=P\{a<X \leqslant b\}=P\{a \leqslant X<b\}=P\{a<X<b\}$$
$$=F(b)-F(a)=\int_a^b f(x)\mathrm{d}x$$

4. 一些重要分布

(1) $0-1$分布：若 X 的概率分布为

$$P\{X=k\}=p^k(1-p)^{1-k} \quad (0<p<1,\ k=0,1)$$

则称 X 服从参数为 p 的 $0-1$ 分布。

应用领域：$0-1$分布主要用于研究只有两种对立结果的随机试验，如成功与失败、合格品与不合格品等。

(2) 几何分布 $G(p)$：若 X 的概率分布为

$$P\{X=k\}=(1-p)^{k-1}p \quad (0<p<1,\quad k=1,2,\cdots)$$

则称 X 服从参数为 p 的几何分布，记作 $X \sim G(p)$。

应用领域：几何分布主要用于研究连续独立重复试验中首次取得成功所需的试验次数。

(3) 二项分布 $B(n,p)$：若 X 的概率分布为

$$P\{X=k\}=C_n^k p^k(1-p)^{n-k} \quad (0<p<1,\ k=0,1,2,\cdots,n)$$

则称 X 服从参数为 n,p 的二项分布，记作 $X \sim B(n,p)$。

应用领域：设试验 E 只有两种可能结果，一种是事件 $A(P(A)=p)$ 出现，另一种是事件 $\overline{A}$ 出现。现将试验 E 独立重复 n 次，在这 n 次试验中，若 X 表示事件 A 出现的次数，则 $X \sim B(n,p)$。

(4) 泊松分布 $P(\lambda)$：若 X 的概率分布为

$$P\{X=k\}=\frac{\lambda^k}{k!}\mathrm{e}^{-\lambda} \ (\lambda>0,\ k=0,1,2,\cdots)$$

则称 X 服从参数为 λ 的泊松分布，记作 $X \sim P(\lambda)$。

泊松定理： 若 $X \sim B(n,p)$，且 n 很大 p 很小，若令 $\lambda=np$，则有

$$C_n^k p^k(1-p)^{n-k} \approx \frac{\lambda^k}{k!}\mathrm{e}^{-\lambda}$$

(5) 超几何分布 $H(N,M,n)$：若 X 的概率分布为

$$P\{X=k\}=\frac{C_M^k C_{N-M}^{n-k}}{C_N^n}(k=0,1,\cdots,T=\min\{n,M\})$$

其中 N,M,n 都是正整数，则称 X 服从参数为 N,M,n 的超几何分布，记作 $X \sim H(N,M,n)$。

应用领域：设 N 个元素分为两类，第一类有 M 个元素，第二类有 $N-M$ 个元素，现从 N 个元素中任取(不重复抽样) n 个元素，若 X 表示被抽到的 n 个元素中所含第一类元素的个数，则 $X \sim H(N,M,n)$。

(6) 均匀分布 $U[a,b]$：若随机变量 X 的概率密度函数为

$$f(x)=\begin{cases}\dfrac{1}{b-a}, & a\leqslant x\leqslant b\\ 0, & \text{其他}\end{cases}$$

则称 X 在区间 $[a,b]$ 上服从均匀分布，记作 $X\sim U[a,b]$。

其分布函数为

$$F(x)=\begin{cases}0, & x<a\\ \dfrac{x-a}{b-a}, & a\leqslant x\leqslant b\\ 1, & x>b\end{cases}$$

应用领域：向区间 $[a,b]$ 上均匀地投掷一随机点 X，即随机点 X 落在 $[a,b]$ 上的任何一点的可能性都相同，则 $X\sim U[a,b]$。

$$X\sim U(a,b)\Leftrightarrow X\sim f(x)=\begin{cases}\dfrac{1}{b-a}, & a<x<b\\ 0, & \text{其他}\end{cases}$$

(7) 指数分布 $E(\lambda)$：若随机变量 X 的概率密度函数为

$$f(x)=\begin{cases}\lambda \mathrm{e}^{-\lambda x}, & x>0\\ 0, & x\leqslant 0\end{cases}\quad(\lambda>0)$$

则称 X 服从参数为 λ 的指数分布，记作 $X\sim E(\lambda)$。

其分布函数为

$$F(x)=\begin{cases}1-\mathrm{e}^{-\lambda x}, & x>0\\ 0, & x\leqslant 0\end{cases}$$

(8) 正态分布 $N(\mu,\sigma^2)$：若随机变量 X 的概率密度函数为

$$f(x)=\frac{1}{\sqrt{2\pi}\sigma}\mathrm{e}^{-\frac{(x-\mu)^2}{2\sigma^2}}\quad(-\infty<x<\infty,\ \sigma>0)$$

则称 X 服从参数为 μ,σ^2 的正态分布，记作 $X\sim N(\mu,\sigma^2)$。

特别地，当 $\mu=0,\sigma=1$，即 $X\sim N(0,1)$ 时，称 X 服从标准正态分布，其相应的密度函数和分布函数分别用下述特别的符号表示。

X 的概率密度函数为

$$\varphi(x)=\frac{1}{\sqrt{2\pi}}\mathrm{e}^{-\frac{x^2}{2}}$$

X 的分布函数为

$$\Phi(x)=\frac{1}{\sqrt{2\pi}}\int_{-\infty}^{x}\mathrm{e}^{-\frac{t^2}{2}}\mathrm{d}t$$

(9) 正态分布的性质。

① 若 $X\sim N(\mu,\sigma^2)$，则 $\dfrac{X-\mu}{\sigma}\sim N(0,1)$。

② 若 $X\sim N(\mu,\sigma^2)$，则对 $\forall$ 常数 a,b，$Y=aX+b\sim N(a\mu+b,\ a^2\sigma^2)$。

③ 若 $X \sim N(\mu,\sigma^2)$，则其分布函数 $F(x)=\Phi\left(\dfrac{x-\mu}{\sigma}\right)$。

④ 若 $X \sim N(0,1)$，则 $\Phi(-x)=1-\Phi(x)$。

5. 随机变量函数的分布

(1) 离散型：若 X 的概率分布为

X	x_1　x_2　$\cdots$　x_k　$\cdots$
P	p_1　p_2　$\cdots$　p_k　$\cdots$

则随机变量函数 $Y=g(X)$ (其中 g 是连续函数)的概率分布为

$Y=g(X)$	$g(x_1)$　$g(x_2)$　$\cdots$　$g(x_k)$　$\cdots$
P	p_1　p_2　$\cdots$　p_k　$\cdots$

若有某些 $g(x_i)$ 相等，则应将相应的 p_i 相加作为 $g(x_i)$ 的概率。

(2) 连续型：设连续型随机变量 X 的密度函数为 $f_X(x)$，若 $y=g(x)$ 是单调可导函数，求 $Y=g(X)$ 的密度函数 $f_Y(y)$ 的方法如下。

先求出 Y 的分布函数

$$F_Y(y)=P\{Y\leqslant y\}=P[g(X)\leqslant y]$$

然后对其求导，得

$$f_Y(y)=[F_Y(y)]'$$

阶梯化训练题

一、基础能力题

1. 一批产品分一、二、三级，其中一级品是二级品的两倍，三级品是二级品的一半。从这批产品中随机地抽取一个检验质量，随机变量 X 表示被检验产品的等级，写出 X 的概率分布。

2. 一个口袋中有 6 个球，在这 6 个球上分别标有−3,−3,1,1,1,2 数字。从该口袋中任取一球，设各球被取到的可能性相同，求取得的球上所标数字 X 的分布律。

3. 一批产品包括 10 件正品、3 件次品，有放回地抽取，每次一件，直到取得正品为止。假设每件产品被取到的机会相同，求抽取次数 X 的概率分布。

4. 若每次射击中靶的概率为 0.7，射击 10 炮，求：

(1) 命中 3 炮的概率；

(2) 至少命中 3 炮的概率。

5. 某车间有 20 台同型号机床，每台机床开动的概率为 0.8，若假定各机床是否开动彼此独立，每台机床开动时所消耗的电能为 15 个单位，求这个车间消耗电能不少于 270 个单位的概率。

6. 设 X 服从参数为 $2,p$ 的二项分布，已知 $P\{X\geqslant1\}=\dfrac{5}{9}$，则成功率为 p 的 4 重伯努

利试验中至少有一次成功的概率是多少？

7. 某图书的印刷错误数 X 服从参数为 4 的泊松分布。求：

(1) 印刷错误数恰好等于 8 的概率；

(2) 印刷错误数大于 10 的概率。

8. 某总机为 300 个电话分机服务，在一小时内每一分机被使用的概率为 0.01，试用泊松定理近似计算在一小时内有 4 个分机被使用的概率。

9. 从一批由 45 件正品、5 件次品组成的产品中任取 3 件，求其中恰好有 1 件次品的概率。

10. 若随机变量 X 服从 $0-1$ 分布，又知 X 取 1 的概率为它取 0 的概率的两倍，求 X 的分布律与分布函数。

11. 已知 $X \sim f(x)=\begin{cases}2x, & 0<x<1 \\ 0, & 其他\end{cases}$，求 $P\{X \leqslant 0.5\}$，$P\{X=0.5\}$，$F(x)$。

12. 已知 $X \sim f(x)=\begin{cases}12x^2-12x+3, & 0<x<1 \\ 0, & 其他\end{cases}$，计算 $P\{X \leqslant 0.2 | 0.1<X \leqslant 0.5\}$。

13. 某型号电子管，其寿命 X (以小时计)为一随机变量，概率密度为

$$f(x)=\begin{cases}\dfrac{100}{x^2}, & x \geqslant 100 \\ 0, & x<100\end{cases}$$

某设备内安装有三只这样的电子管，在使用 150 小时内，求：

(1) 三只电子管都没有损坏的概率；

(2) 三只电子管全损坏的概率；

(3) 三只电子管恰好损坏两只的概率。

14. 设连续型随机变量 X 的分布函数为

$$F(x)=\begin{cases}0, & x<0 \\ Ax^2, & 0 \leqslant x<1 \\ 1, & x \geqslant 1\end{cases}$$

求系数 A，$P\{0.3<X<0.7\}$，X 的概率密度 $f(x)$。

15. 设 t 在区间(0, 5)内服从均匀分布，求 $4x^2+4tx+t+2=0$ 有实根的概率。

16. 设 X 在 $[2,5]$ 上服从均匀分布，现在对 X 进行三次独立观测，试求至少有两次观测值大于3的概率。

17. 某批产品长度 $X \sim N(50,0.25^2)$，求：

(1) 产品长度 X 在 49.5cm 和 50.5cm 之间的概率；

(2) 产品长度小于 49.2cm 的概率。

18. 公共汽车的车门高度是按男子与车门上端碰头机会在 0.01 以下来设计的，设男子身高 X 服从 $\mu=170\text{cm}$，$\sigma=6\text{cm}$ 的正态分布，问：车门高度应如何确定？

19. $X \sim N(\mu,\sigma^2)$，为什么说事件“$|X-\mu|<2\sigma$”在一次试验中几乎必然出现？

20. 设离散型随机变量 X 的分布律为

X	−1	0	1	2	5/2
P	2/10	1/10	1/10	3/10	3/10

求:

(1) $Y=X-1$的分布律;

(2) $Z=-2X^2$的分布律。

21. 设$X\sim E(\lambda)$，求随机变量函数$Y=X^3$的概率密度函数$f_Y(y)$。

22. 设$X\sim U[0,1]$，求随机变量函数$Y=3X+1$的概率密度函数$f_Y(y)$。

二、综合提高题

1. 设随机变量X的分布函数为

$$F(x)=\begin{cases}0, & x<0\\ \dfrac{1}{2}, & 0\leqslant x<1\\ 1-\mathrm{e}^{-x}, & x\geqslant 1\end{cases}$$

则$P\{X=1\}=(\quad)$。

A. 0　　B. $\dfrac{1}{2}$　　C. $\dfrac{1}{2}-\mathrm{e}^{-1}$　　D. $1-\mathrm{e}^{-1}$

2. 设$F_1(x)$与$F_2(x)$分别是随机变量X_1与X_2的分布函数。为使$F(x)=aF_1(x)-bF_2(x)$是某一随机变量的分布函数，则下列给定的各组数值中应取(　　)。

A. $a=\dfrac{3}{5}$，$b=-\dfrac{2}{5}$　　B. $a=\dfrac{2}{3}$，$b=\dfrac{2}{3}$

C. $a=-\dfrac{1}{2}$，$b=\dfrac{3}{2}$　　D. $a=\dfrac{1}{2}$，$b=-\dfrac{3}{2}$

3. 设$f_1(x)$为标准正态分布的概率密度，$f_2(x)$为$[-1,3]$上均匀分布的概率密度，若函数

$$f(x)=\begin{cases}af_1(x), & x\leqslant 0\\ bf_2(x), & x>0\end{cases}\quad(a>0,\ b>0)$$

为概率密度函数，则a,b应满足(　　)。

A. $2a+3b=4$　　B. $3a+2b=4$

C. $a+b=1$　　D. $a+b=2$

4. 某人向同一目标独立重复射击，每次射击命中目标的概率为$p\ (0<p<1)$，则此人第四次射击恰好第二次命中目标的概率为(　　)。

A. $3p(1-p)^2$　　B. $6p(1-p)^2$

C. $3p^2(1-p)^2$　　D. $6p^2(1-p)^2$

5. 设随机变量X服从参数为$2,p$的二项分布，随机变量Y服从参数为$3,p$的二项分布，若$P\{X\geqslant 1\}=\dfrac{5}{9}$，求$P\{Y\geqslant 1\}$。

6. 设随机变量X的概率密度为

$$f(x)=\begin{cases}\frac{1}{3}, & x\in[0,1]\\ \frac{2}{9}, & x\in[3,6]\\ 0, & 其他\end{cases}$$

若k使得$P\{X\geqslant k\}=\frac{2}{3}$，求$k$的取值范围。

7. 假设随机变量X的绝对值不大于1，$P\{X=-1\}=\frac{1}{8}$，$P\{X=1\}=\frac{1}{4}$。在事件$\{-1<X<1\}$出现的条件下，X在$(-1,1)$内的任一子区间上取值的条件概率与该子区间长度成正比。试求X的分布函数$F(x)$。

8. 假设随机变量X服从指数分布，则随机变量$Y=\min\{X,2\}$的分布函数(　　)。

A. 是连续函数　　B. 至少有两个间断点

C. 是阶梯函数　　D. 恰好有一个间断点

9. 假设一设备开机后无故障工作的时间X服从指数分布，平均无故障工作的时间(EX)为5小时。设备定时开机，出现故障时自动关机，而在无故障的情况下工作2小时便关机。试求该设备每次开机无故障工作的时间Y的分布函数$F(y)$。

10. 设随机变量X服从正态分布$N(\mu,\sigma^2)$，且二次方程$y^2+4y+X=0$无实根的概率为$\frac{1}{2}$，求参数μ。

11. 设随机变量X服从正态分布$N(\mu_1,\sigma_1^2)$，Y服从正态分布$N(\mu_2,\sigma_2^2)$，且

$$P\{|X-\mu_1|<1\}>P\{|Y-\mu_2|<1\}$$

则必有(　　)。

A. $\sigma_1<\sigma_2$　　B. $\sigma_1>\sigma_2$　　C. $\mu_1<\mu_2$　　D. $\mu_1>\mu_2$

12. 设随机变量X服从正态分布$N(0,1)$，对给定的$\alpha(0<\alpha<1)$，数u_α满足$P\{X>u_\alpha\}=\alpha$。若$P\{|X|<x\}=\alpha$，则x等于(　　)。

A. $u_{\frac{\alpha}{2}}$　　B. $u_{1-\frac{\alpha}{2}}$　　C. $u_{\frac{1-\alpha}{2}}$　　D. $u_{1-\alpha}$

13. 设随机变量X服从正态分布$N(\mu,\sigma^2)$，当σ增大时，概率$P\{|X-\mu|<\sigma\}$(　　)。

A. 单调增大　　B. 单调减少　　C. 保持不变　　D. 增减不定

14. 设随机变量X的概率密度为

$$f_X(x)=\begin{cases}\frac{1}{3\sqrt[3]{x^2}}, & x\in[1,8]\\ 0, & 其他\end{cases}$$

$F_X(x)$是X的分布函数。求随机变量$Y=F_X(x)$的概率密度函数$f_Y(y)$。

15. 若随机变量$X\sim E(2)$，试证明：随机变量函数$Y=1-\mathrm{e}^{-2X}\sim U(0,1)$。

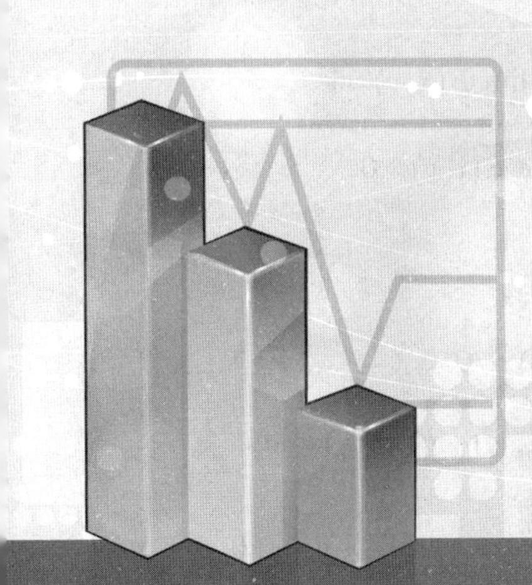

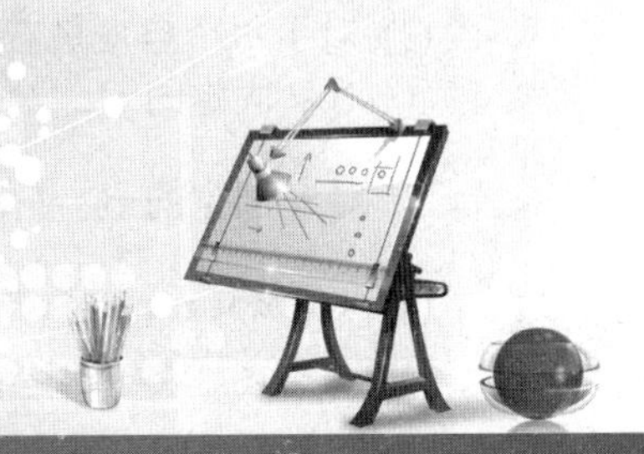

第3章　多维随机变量及其分布

3.1　多维随机变量

1. 二维随机变量的联合分布函数

定义 3-1 设 X,Y 是 Ω 上的两个随机变量，则由 X,Y 构成的二维向量 (X,Y) 称为二维随机变量。

定义 3-2 设 (X,Y) 为二维随机变量，对 $\forall(x,y)\in\mathbf{R}^2$，称二元函数

$$F(x,y)=P\{(X\leqslant x)(Y\leqslant y)\}=P\{X\leqslant x,Y\leqslant y\} \tag{3-1}$$

为 (X,Y) 的联合分布函数。

几何意义：$F(x,y)$ 在 (x,y) 处的函数值就是随机点 (X,Y) 落在以点 (x,y) 为顶点的左下方无穷矩形区域内的概率，如图 3-1 所示。

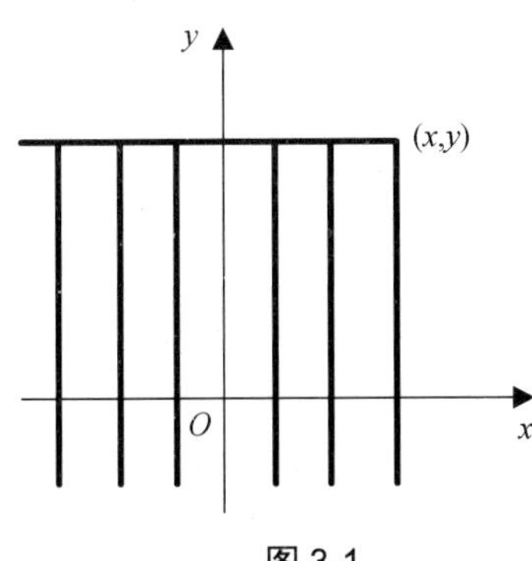

图 3-1

(X,Y) 联合分布函数 $F(x,y)$ 的性质如下。

(1) 对每个自变量具有单调不减性。

① 对 $\forall$ 固定的 y，当 $x_1<x_2$ 时，恒有 $F(x_1,y)\leqslant F(x_2,y)$。

② 对 $\forall$ 固定的 x，当 $y_1<y_2$ 时，恒有 $F(x,y_1)\leqslant F(x,y_2)$。

(2) 规范性：

$$F(-\infty,-\infty)=\lim_{\substack{x\to-\infty\\y\to-\infty}}F(x,y)=0,\quad F(+\infty,+\infty)=\lim_{\substack{x\to+\infty\\y\to+\infty}}F(x,y)=1$$

$$F(x,-\infty)=\lim_{y\to-\infty}F(x,y)=0,\quad F(-\infty,y)=\lim_{x\to-\infty}F(x,y)=0$$

(3) 对于每个自变量右连续。

① 对 $\forall$ 固定的 y，$F(x_0+0,y)=\lim\limits_{x\to x_0^+}F(x,y)=F(x_0,y)$。

② 对 $\forall$ 固定的 x，$F(x,y_0+0)=\lim\limits_{y\to y_0^+}F(x,y)=F(x,y_0)$。

(4) 对 $\forall x_1<x_2$，$y_1<y_2$，恒有 $F(x_2,y_2)-F(x_1,y_2)-F(x_2,y_1)+F(x_1,y_1)\geqslant 0$。

[注] 由图 3-2 可以看出：

$$F(x_2,y_2)-F(x_1,y_2)-F(x_2,y_1)+F(x_1,y_1)=P\left\{x_1<X\leqslant x_2,y_1<Y\leqslant y_2\right\}\geqslant 0$$

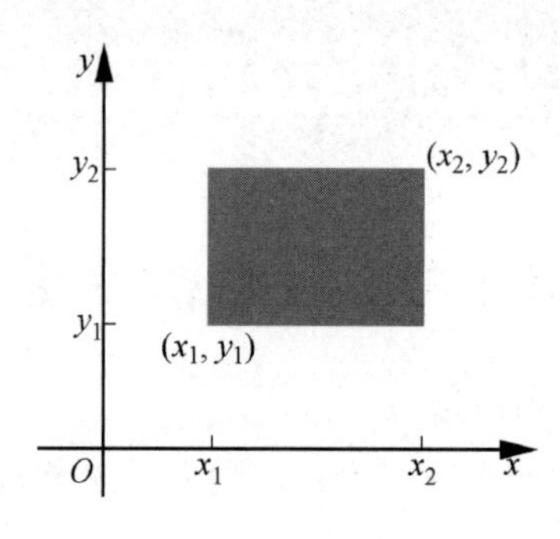

图 3-2

2. 二维随机变量的边缘分布函数

定义 3-3 若 (X,Y) 的分布函数为 $F(x,y)$，则函数

$$F_X(x)=P\{X\leqslant x,Y<+\infty\}=F(x,+\infty) \tag{3-2}$$

$$F_Y(y)=P\{X<+\infty,Y\leqslant y\}=F(+\infty,y) \tag{3-3}$$

称为关于 X，Y 的边缘分布函数。

3. 二维随机变量的独立性

定义 3-4 设 (X,Y) 是二维随机变量，若 $\forall x,y\in\mathbf{R}$，恒有

$$P\{X\leqslant x,Y\leqslant y\}=P\{X\leqslant x\}\cdot P\{Y\leqslant y\} \tag{3-4}$$

即 $F(x,y)=F_X(x)\cdot F_Y(y)$，则称 X 与 Y 相互独立。

[注] (1) 随机变量的独立性不具有传递性。

(2) 由 (X,Y) 的联合分布可以确定关于 X 与 Y 的边缘分布，反之一般不成立。只有当 X 与 Y 独立时，由边缘分布才能确定联合分布。

(3) 随机变量的独立性是随机事件独立性的扩充，我们也常利用问题的实际意义去判断两个随机变量的独立性。

4. 多维随机变量

n 维随机变量 $(X_1,X_2,\cdots,X_n)$ 的分布函数：对 $\forall(x_1,x_2,\cdots,x_n)\in\mathbf{R}^n$，称 n 元函数

$$F(x_1,x_2,\cdots,x_n)=P\left\{X_1\leqslant x_1,X_2\leqslant x_2,\cdots,X_n\leqslant x_n\right\}$$

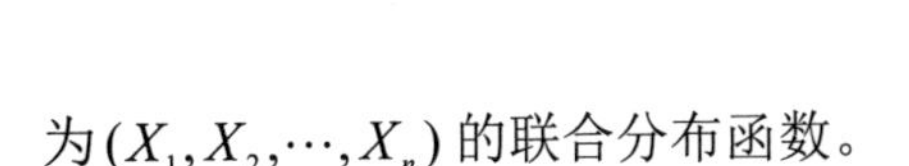

为 $(X_1, X_2, \cdots, X_n)$ 的联合分布函数。

类似可以得出 n 维随机变量的边缘分布函数及独立性定义。

例 3-1 设 X,Y 是相互独立的两个随机变量，其分布函数分别为 $F_X(x), F_Y(y)$，求 $Z=\min(X,Y)$ 的分布函数。

解
$$\begin{aligned}F_Z(z) &= P\{Z \leqslant z\} = 1 - P\{Z > z\} = 1 - P\{\min(X,Y) > z\} = 1 - P\{X > z, Y > z\} \\ &= 1 - P\{X > z\}P\{Y > z\} = 1 - [1 - P\{X \leqslant z\}][1 - P\{Y \leqslant z\}] \\ &= 1 - [1 - F_X(z)][1 - F_Y(z)]\end{aligned}$$

3.2　二维离散型随机变量的分布

1. 二维离散型随机变量的联合分布

定义 3-5 设 (X,Y) 是二维随机变量，若 X,Y 分别是离散型随机变量，即 (X,Y) 的全部可能取值为有限或可列个点 (x_i, y_j) $(i,j=1,2,\cdots)$，则称 (X,Y) 是二维离散型随机变量；当 (X,Y) 取值 (x_i, y_j) 时，其概率函数

$$P\{X = x_i, Y = y_j\} = p_{ij} \ (i,j=1,2,\cdots) \tag{3-5}$$

称为 X 与 Y 的联合概率分布或 (X,Y) 的分布律。通常将该函数以列表形式表示为

X \ Y	y_1	y_2	…	y_j	…
x_1	p_{11}	p_{12}	…	p_{1j}	…
x_2	p_{21}	p_{22}	…	p_{2j}	…
⋮	⋮	⋮		⋮	⋮
x_i	p_{i1}	p_{i2}	…	p_{ij}	…
⋮	⋮	⋮	…	⋮	…

二维离散型随机变量联合分布的性质如下。

(1) 非负性：$p_{ij} \geqslant 0 (i,j=1,2,\cdots)$。

(2) 规范性：$\sum\limits_{i=1}^{\infty}\sum\limits_{j=1}^{\infty} p_{ij} = 1$。

2. 二维离散型随机变量的边缘分布

(X,Y) 关于 X 的边缘分布为

X	x_1	x_2	…	x_i	…
P	$p_{1\bullet}$	$p_{2\bullet}$	…	$p_{i\bullet}$	…

(X,Y) 关于 Y 的边缘分布为

Y	y_1	y_2	…	y_j	…
P	$p_{\bullet 1}$	$p_{\bullet 2}$	…	$p_{\bullet j}$	…

其中，$p_{i\bullet}=\sum_{j=1}^{\infty}p_{ij}$，$p_{\bullet j}=\sum_{i=1}^{\infty}p_{ij}$ 。

[注] $P\{X=x_i\}=p_{i\bullet}$，$P\{Y=y_j\}=p_{\bullet j}$ 。

例 3-2 两封信随机地投入编号为Ⅰ,Ⅱ,Ⅲ,Ⅳ的四个邮筒内，令 X 表示投入Ⅰ号邮筒内信的数量，Y 表示投入Ⅱ号邮筒内信的数量。试求：

(1) (X,Y) 的联合分布；

(2) (X,Y) 关于 Y 的边缘分布；

(3) 投入Ⅰ,Ⅱ号邮筒内信件数相同的概率；

(4) 至少有一封信投入Ⅰ,Ⅱ号邮筒的概率。

解 (1) 由于 X,Y 分别表示投入Ⅰ,Ⅱ号邮筒内信的数量，显然 X,Y 只能取值 0,1,2，且有

$$P\{X=0,Y=0\}=\frac{2^2}{4^2}=\frac{1}{4}，\ P\{X=0,Y=1\}=\frac{C_2^1\times 2}{4^2}=\frac{1}{4}，\ P\{X=0,Y=2\}=\frac{1}{4^2}=\frac{1}{16}$$

$$P\{X=1,Y=0\}=\frac{C_2^1\times 2}{4^2}=\frac{1}{4}，\ P\{X=1,Y=1\}=\frac{C_2^1}{4^2}=\frac{1}{8}，\ P\{X=1,Y=2\}=0$$

$$P\{X=2,Y=0\}=\frac{1}{4^2}=\frac{1}{16}，\ P\{X=2,Y=1\}=0，\ P\{X=2,Y=2\}=0$$

综上得 (X,Y) 的联合概率分布为

X \ Y	0	1	2
0	$\frac{1}{4}$	$\frac{1}{4}$	$\frac{1}{16}$
1	$\frac{1}{4}$	$\frac{1}{8}$	0
2	$\frac{1}{16}$	0	0

(2) (X,Y) 关于 Y 的边缘分布为

Y	0	1	2
P	$\frac{9}{16}$	$\frac{3}{8}$	$\frac{1}{16}$

(3) 投入Ⅰ,Ⅱ号邮筒内信件数相同的概率为

$$P\{X=Y\}=P\{X=0,Y=0\}+P\{X=1,Y=1\}+P\{X=2,Y=2\}=\frac{1}{4}+\frac{1}{8}+0=\frac{3}{8}$$

(4) 至少有一封信投入Ⅰ,Ⅱ号邮筒的概率为

$$P\{(X\geqslant 1)+(Y\geqslant 1)\}=1-P\{\overline{(X\geqslant 1)+(Y\geqslant 1)}\}=1-P\{\overline{(X\geqslant 1)}\,\overline{(Y\geqslant 1)}\}$$

$$=1-P\{X=0,Y=0\}=1-\frac{1}{4}=\frac{3}{4}$$

3. 二维离散型随机变量的条件分布

在已知 $X=x_i$ 的条件下，Y 取值的条件分布(在事件 $\{X=x_i\}$ 已经出现的条件下事件 $\{Y=y_j\}$ 出现的概率)为

$$P\left\{Y=y_j \mid X=x_i\right\}=\frac{P\left\{X=x_i,Y=y_j\right\}}{P\left\{X=x_i\right\}}=\frac{p_{ij}}{p_{i\bullet}}\ (j=1,2,\cdots,\ p_{i\bullet}>0) \tag{3-6}$$

在已知 $Y=y_j$ 的条件下，X 取值的条件分布(在事件 $\{Y=y_j\}$ 已经出现的条件下事件 $\{X=x_i\}$ 出现的概率)为

$$P\left\{X=x_i \mid Y=y_j\right\}=\frac{P\left\{X=x_i,Y=y_j\right\}}{P\left\{Y=y_j\right\}}=\frac{p_{ij}}{p_{\bullet j}}\ (i=1,2,\cdots,\ p_{\bullet j}>0) \tag{3-7}$$

二维离散型随机变量条件分布的性质如下。

(1) $P(Y=y_j \mid X=x_i)\geqslant 0$。

(2) $\sum\limits_{j=1}^{\infty}P(Y=y_j \mid X=x_i)=1$。

4. 二维离散型随机变量的独立性

二维离散型随机变量 X,Y 相互独立 $\Leftrightarrow$ 对于 (X,Y) 的每一可能取值 (x_i,y_j)，都有 $P\{X=x_i,Y=y_j\}=P\{X=x_i\}\cdot P\{Y=y_j\}$，即

$$p_{ij}=p_{i\bullet}p_{\bullet j}\ (i,j=1,2,\cdots) \tag{3-8}$$

例 3-3 袋中装有标号为 1,2,2,3 的四个球，从中任取一球并且不再放回，然后从袋中任取一球，以 X,Y 分别表示第一、第二次取到球上的号码，求：

(1) (X,Y) 的联合分布；

(2) (X,Y) 的边缘分布；

(3) 在 $Y=1$ 时，X 的条件分布；

(4) X,Y 是否独立？

解 (1) 显然 X,Y 只能取值 1,2,3，且有

$P\left\{X=1,Y=1\right\}=0$，$P\left\{X=1,Y=2\right\}=\frac{1}{4}\times\frac{2}{3}=\frac{1}{6}$，$P\left\{X=1,Y=3\right\}=\frac{1}{4}\times\frac{1}{3}=\frac{1}{12}$

$P\left\{X=2,Y=1\right\}=\frac{2}{4}\times\frac{1}{3}=\frac{1}{6}$，$P\left\{X=2,Y=2\right\}=\frac{2}{4}\times\frac{1}{3}=\frac{1}{6}$，$P\left\{X=2,Y=3\right\}=\frac{2}{4}\times\frac{1}{3}=\frac{1}{6}$

$P\left\{X=3,Y=1\right\}=\frac{1}{4}\times\frac{1}{3}=\frac{1}{12}$，$P\left\{X=3,Y=2\right\}=\frac{1}{4}\times\frac{2}{3}=\frac{1}{6}$，$P\left\{X=3,Y=3\right\}=0$

综上得 (X,Y) 的联合概率分布为

X \ Y	1	2	3
1	0	$\frac{1}{6}$	$\frac{1}{12}$
2	$\frac{1}{6}$	$\frac{1}{6}$	$\frac{1}{6}$
3	$\frac{1}{12}$	$\frac{1}{6}$	0

(2) (X,Y) 的边缘分布为

X	1	2	3
P	$\frac{1}{4}$	$\frac{1}{2}$	$\frac{1}{4}$

Y	1	2	3
P	$\frac{1}{4}$	$\frac{1}{2}$	$\frac{1}{4}$

(3) $P\{X=1|Y=1\}=\dfrac{P\{X=1,Y=1\}}{P\{Y=1\}}=\dfrac{0}{\frac{1}{4}}=0$

$$P\{X=2|Y=1\}=\frac{P\{X=2,Y=1\}}{P\{Y=1\}}=\frac{\frac{1}{6}}{\frac{1}{4}}=\frac{2}{3}$$

$$P\{X=3|Y=1\}=\frac{P\{X=3,Y=1\}}{P\{Y=1\}}=\frac{\frac{1}{12}}{\frac{1}{4}}=\frac{1}{3}$$

于是在 $Y=1$ 时，X 的条件分布为

X	1	2	3
$P\{X\|Y=1\}$	0	$\frac{2}{3}$	$\frac{1}{3}$

(4) 由于 $P\{X=1,Y=1\}=0\neq P\{X=1\}P\{Y=1\}=\frac{1}{4}\times\frac{1}{4}$，所以 X 与 Y 不独立。

3.3 二维连续型随机变量的分布

1. 二维连续型随机变量

定义 3-6 设 (X,Y) 为二维随机变量，$F(x,y)$ 为其联合分布函数，若存在非负可积函数 $f(x,y)$，使得对 $\forall\ (x,y)\in\mathbf{R}^2$，恒有

$$F(x,y)=P\{X\leqslant x,Y\leqslant y\}=\int_{-\infty}^{x}\int_{-\infty}^{y}f(u,v)\mathrm{d}u\mathrm{d}v \tag{3-9}$$

则称 (X,Y) 为二维连续型随机变量，$f(x,y)$ 为联合概率密度函数，记作 $(X,Y)\sim f(x,y)$。

二维连续型随机变量的性质如下。

(1) 非负性：对 $\forall\ (x,y)\in\mathbf{R}$，有 $f(x,y)\geqslant 0$。

(2) 规范性：$\int_{-\infty}^{+\infty}\int_{-\infty}^{+\infty}f(x,y)\mathrm{d}x\mathrm{d}y=1$。

(3) 若 $f(x,y)$ 在点 (x,y) 处连续，则 $\dfrac{\partial^2F(x,y)}{\partial x\partial y}=f(x,y)$。

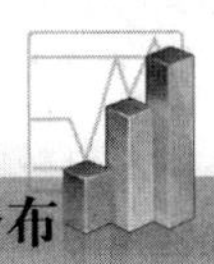

(4) 对平面某一区域 D，有

$$P\{(X,Y)\in D\}=\iint\limits_{D} f(x,y)\mathrm{d}x\mathrm{d}y \tag{3-10}$$

例 3-4 设 (X,Y) 的概率密度为 $f(x,y)=\begin{cases} x^2+Axy, & 0\leqslant x\leqslant 1,\ 0\leqslant y\leqslant 2 \\ 0, & \text{其他} \end{cases}$

试求：

(1) 常数 A；

(2) 概率 $P\{X+Y\geqslant 1\}$。

解 (1) 由于

$$\int_{-\infty}^{+\infty}\int_{-\infty}^{+\infty} f(x,y)\,\mathrm{d}x\mathrm{d}y=\int_0^1\int_0^2 (x^2+Axy)\,\mathrm{d}x\mathrm{d}y=\int_0^1\left(x^2y+\frac{A}{2}xy^2\right)\Big|_0^2\mathrm{d}x$$

$$=\int_0^1(2x^2+2Ax)\,\mathrm{d}x=\left(\frac{2}{3}x^3+Ax^2\right)\Big|_0^1=\frac{2}{3}+A=1$$

故 $A=\dfrac{1}{3}$，从而 (X,Y) 的概率密度函数为

$$f(x,y)=\begin{cases} x^2+\dfrac{1}{3}xy, & 0\leqslant x\leqslant 1,\ 0\leqslant y\leqslant 2 \\ 0, & \text{其他} \end{cases}$$

(2) 若令 $D=\{(x,y)|0\leqslant x\leqslant 1,\ 0\leqslant y\leqslant 2,\ x+y\geqslant 1\}$，如图 3-3 所示，则

$$P\{X+Y\geqslant 1\}=\iint\limits_{D} f(x,y)\,\mathrm{d}x\mathrm{d}y=\int_0^1\mathrm{d}x\int_{1-x}^2\left(x^2+\frac{1}{3}xy\right)\mathrm{d}y$$

$$=\int_0^1\left(x^2y+\frac{1}{6}xy^2\right)\Big|_{1-x}^{2}\mathrm{d}x=\int_0^1\left(\frac{5}{6}x^3+\frac{4}{3}x^2+\frac{1}{2}x\right)\mathrm{d}x=\frac{65}{72}$$

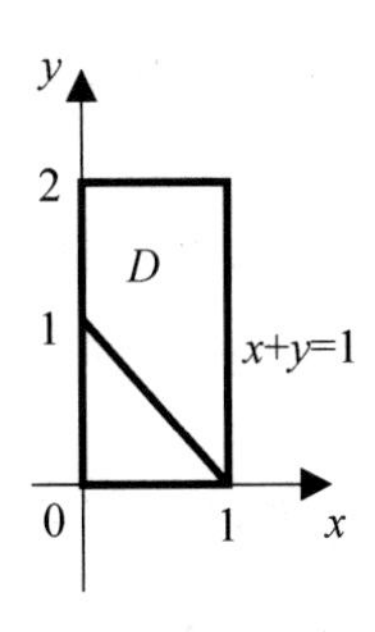

图 3-3

2. 二维连续型随机变量的边缘分布

由于 $F_X(x)=F(x,+\infty)=\int_{-\infty}^{x}\left[\int_{-\infty}^{+\infty} f(u,v)\,\mathrm{d}v\right]\mathrm{d}u$，于是称函数

$$f_X(x)=\int_{-\infty}^{+\infty} f(x,y)\,\mathrm{d}y \tag{3-11}$$

为 (X,Y) 关于 X 的边缘概率密度函数。类似定义函数

$$f_Y(y)=\int_{-\infty}^{+\infty} f(x,y)\mathrm{d}x \tag{3-12}$$

为 (X,Y) 关于 Y 的边缘概率密度函数。

例 3-5 设$(X,Y)\sim f(x,y)=\begin{cases}48y(2-x), & 0\leqslant y\leqslant x\leqslant 1\\ 0, & 其他\end{cases}$，求其边缘概率密度函数。

解 如图 3-4 所示，当$0\leqslant x\leqslant 1$时，有

$$f_X(x)=\int_{-\infty}^{+\infty}f(x,y)\mathrm{d}y=\int_0^x 48y(2-x)\,\mathrm{d}y=24x^2(2-x)$$

于是

$$f_X(x)=\begin{cases}24x^2(2-x), & 0\leqslant x\leqslant 1\\ 0, & 其他\end{cases}$$

当$0\leqslant y\leqslant 1$时，有

$$f_Y(y)=\int_{-\infty}^{+\infty}f(x,y)\,\mathrm{d}x=\int_y^1 48y(2-x)\mathrm{d}x=72y-96y^2+24y^3$$

于是

$$f_Y(y)=\begin{cases}72y-96y^2+24y^3, & 0\leqslant y\leqslant 1\\ 0, & 其他\end{cases}$$

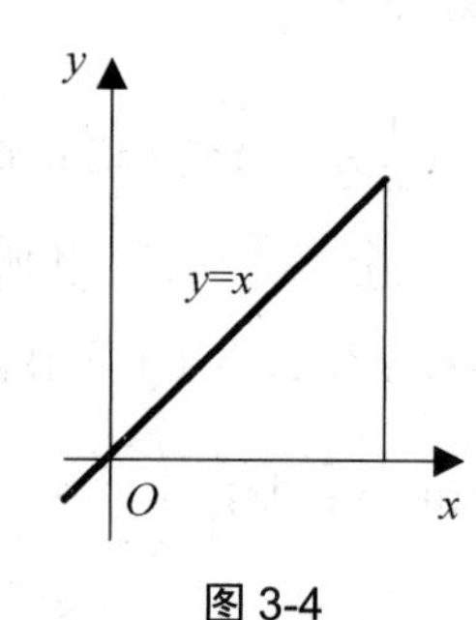

图 3-4

3. 二维连续型随机变量的条件分布

设(X,Y)是二维连续型随机变量，由于这时对任意x,y，有$P\{X=x\}=0$，$P\{Y=y\}=0$，就不能直接用条件概率公式引入“条件分布函数”了。下面采用“迂回”方式处理。

设Y落在区间$(y,y+\Delta y]$内的概率不为零，即$P\{y<Y\leqslant y+\Delta y\}>0$，此时条件概率$P\{X\leqslant x|y<Y\leqslant y+\Delta y\}$便有意义，利用积分中值定理有

$$P\{X\leqslant x|y<Y\leqslant y+\Delta y\}=\frac{P\{X\leqslant x,\ y<Y\leqslant y+\Delta y\}}{P\{y<Y\leqslant y+\Delta y\}}$$

$$=\frac{\int_{-\infty}^{x}\left[\int_y^{y+\Delta y}f(x,y)\mathrm{d}y\right]\mathrm{d}x}{\int_y^{y+\Delta y}f_Y(y)\mathrm{d}y}\approx\frac{\Delta y\int_{-\infty}^{x}f(x,y)\mathrm{d}x}{\Delta y f_Y(y)}=\int_{-\infty}^{x}\frac{f(x,y)}{f_Y(y)}\mathrm{d}x$$

则定义在已知$Y=y$的条件下，X的条件概率密度函数为

$$f_{X|Y}(x\,|\,y)=\frac{f(x,y)}{f_Y(y)} \tag{3-13}$$

类似定义在已知$X=x$的条件下，Y的条件概率密度函数为

$$f_{Y|X}(y\,|\,x)=\frac{f(x,y)}{f_X(x)} \tag{3-14}$$

这时函数

$$F_{X|Y}(x|y)=P\{X\leqslant x|Y=y\}=\int_{-\infty}^{x}f_{X|Y}(x|y)\mathrm{d}x$$

为在 $Y=y$ 的条件下 X 的条件分布函数；

$$F_{Y|X}(y|x)=P\{Y\leqslant y|X=x\}=\int_{-\infty}^{y}f_{Y|X}(y|x)\mathrm{d}y$$

为在 $X=x$ 的条件下 Y 的条件分布函数。

例 3-6　设 $(X,Y)\sim f(x,y)=\begin{cases}24y(1-x-y), & x>0,\ y>0,\ x+y<1\\ 0, & \text{其他}\end{cases}$，求 $f_X(x)$，$f_{Y|X}(y|x)$，$f_{Y|X}\left(y\middle|\frac{1}{2}\right)$。

解　如图 3-5 所示，当 $x\leqslant 0$ 或 $x\geqslant 1$ 时，有

$$f_X(x)=\int_{-\infty}^{+\infty}f(x,y)\mathrm{d}y=\int_{-\infty}^{+\infty}0\,\mathrm{d}y=0$$

当 $0<x<1$ 时，有

$$f_X(x)=\int_{-\infty}^{+\infty}f(x,y)\mathrm{d}y=\int_{0}^{1-x}24y(1-x-y)\mathrm{d}y=4(1-x)^3$$

所以

$$f_X(x)=\begin{cases}4(1-x)^3, & 0<x<1\\ 0, & \text{其他}\end{cases}$$

从而

$$f_{Y|X}(y|x)=\frac{f(x,y)}{f_X(x)}=\begin{cases}\dfrac{6y(1-x-y)}{(1-x)^3}, & x>0,\ y>0,\ x+y<1\\ 0, & \text{其他}\end{cases}$$

从而

$$f_{Y|X}\left(y\middle|\frac{1}{2}\right)=\begin{cases}24y(1-2y), & 0<y<\dfrac{1}{2}\\ 0, & \text{其他}\end{cases}$$

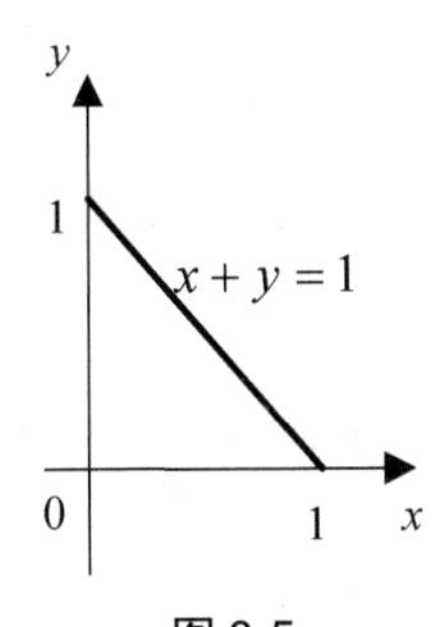

图 3-5

4. 二维连续型随机变量的独立性

由定义 3-4 可得：二维连续型随机变量 X,Y 相互独立 $\Leftrightarrow$ $\forall x,y\in\mathbf{R}$，都有

$$f(x,y)=f_X(x)f_Y(y)\tag{3-15}$$

5. 几种重要的二维连续型随机变量分布

1) 平面区域 D 上的均匀分布 $U(D)$

若 (X,Y) 的联合概率密度函数为

$$f(x,y)=\begin{cases}\dfrac{1}{A}, & (x,y)\in D\\ 0, & 其他\end{cases} \tag{3-16}$$

其中 A 是区域 D 的面积，则称 (X,Y) 在区域 D 上服从均匀分布，记作 $(X,Y)\sim U(D)$。

均匀分布的性质如下。

(1) 若 $(X,Y)\sim U(D)$，则点 (X,Y) 一定落在 D 上，且点 (X,Y) 落在 D 上任何一个子区域的概率只与该子区域的面积成正比，而与该子区域在 D 上的位置与形状无关。

(2) 若 $(X,Y)\sim U(D)$，$D=\{(x,y)|a\leqslant x\leqslant b, c\leqslant y\leqslant d\}$，则 X，Y 相互独立，并且 $X\sim U[a,b], Y\sim U[c,d]$。

例 3-7 设 X,Y 相互独立，都服从 $U[0,1]$ 分布，试求 $P\{X+Y<1\}$。

解 由于 X,Y 均在[0,1]上服从均匀分布，即

$$X\sim f_X(x)=\begin{cases}1, & 0\leqslant x\leqslant 1\\ 0, & 其他\end{cases},\qquad Y\sim f_Y(y)=\begin{cases}1, & 0\leqslant y\leqslant 1\\ 0, & 其他\end{cases}$$

又因为 X,Y 相互独立，所以 (X,Y) 的联合概率密度为

$$f(x,y)=f_X(x)f_Y(y)=\begin{cases}1, & 0\leqslant x,y\leqslant 1\\ 0, & 其他\end{cases}$$

若令 $D=\{(x,y)|x>0,y>0,x+y<1\}$，如图 3-6 所示，则

$$P\{X+Y<1\}=\iint_D f(x,y)\,\mathrm{d}x\mathrm{d}y=\iint_D \mathrm{d}x\mathrm{d}y=\frac{1}{2}$$

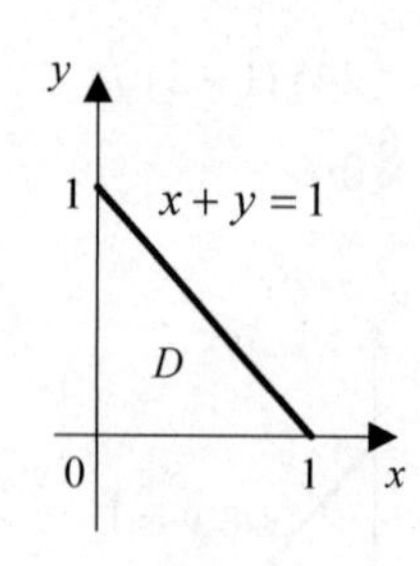

图 3-6

例 3-8 设随机变量 X 在区间 $(0,1)$ 上服从均匀分布，当 $X=x$ 时，Y 在区间 $(x,1)$ 上服从均匀分布。试求：

(1) 随机变量 X 和 Y 的联合密度函数 $f(x,y)$；

(2) 随机变量 Y 的边缘概率密度 $f_Y(y)$；

(3) $P\{X+Y<1\}$。

解 (1) 由于 $f_X(x)=\begin{cases}1, & 0<x<1\\ 0, & 其他\end{cases}$，$f_{Y|X}(y|x)=\begin{cases}\dfrac{1}{1-x}, & 0<x<y<1\\ 0, & 其他\end{cases}$

则

$$f(x,y)=f_X(x)f_{Y|X}(y|x)=\begin{cases}\dfrac{1}{1-x}, & 0<x<y<1\\ 0, & \text{其他}\end{cases}$$

(2) 如图 3-7 所示，当 $0<y<1$ 时，有

$$f_Y(y)=\int_{-\infty}^{+\infty}f(x,y)\,\mathrm{d}x=\int_0^y\frac{1}{1-x}\,\mathrm{d}x=-\ln(1-y)$$

于是

$$f_Y(y)=\begin{cases}-\ln(1-y), & 0<y<1\\ 0, & \text{其他}\end{cases}$$

(3) 若令 $D=\{(x,y)|0<x<y<1,x+y<1\}$，则

$$P\{X+Y<1\}=\iint\limits_D f(x,y)\,\mathrm{d}x\mathrm{d}y=\int_0^{\frac{1}{2}}\mathrm{d}x\int_x^{1-x}\frac{1}{1-x}\,\mathrm{d}y=\int_0^{\frac{1}{2}}\left[2-\frac{1}{1-x}\right]\mathrm{d}x=1-\ln 2$$

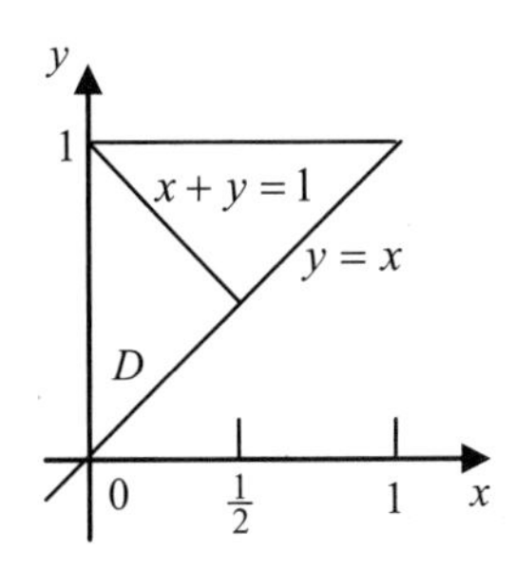

图 3-7

2) 二维正态分布 $N(\mu_1,\mu_2,\sigma_1^2,\sigma_2^2,\rho)$

若 (X,Y) 的联合概率密度函数为

$$f(x,y)=\frac{1}{2\pi\sigma_1\sigma_2\sqrt{1-\rho^2}}\mathrm{e}^{-\frac{1}{2(1-\rho^2)}\left[\frac{(x-\mu_1)^2}{\sigma_1^2}-2\rho\frac{(x-\mu_1)(y-\mu_2)}{\sigma_1\sigma_2}+\frac{(y-\mu_2)^2}{\sigma_2^2}\right]} \tag{3-17}$$

则称 (X,Y) 服从参数为 $\mu_1,\mu_2,\sigma_1^2(\sigma_1>0),\sigma_2^2(\sigma_2>0),\rho(|\rho|<1)$ 的二维正态分布，记作 $(X,Y)\sim N(\mu_1,\mu_2,\sigma_1^2,\sigma_2^2,\rho)$。

二维正态分布的性质如下。

(1) 若 $(X,Y)\sim N(\mu_1,\mu_2,\sigma_1^2,\sigma_2^2,\rho)$，则 $X\sim N(\mu_1,\sigma_1^2),Y\sim N(\mu_2,\sigma_2^2)$。

(2) X 与 Y 相互独立的充分必要条件是 $\rho=0$。

(3) 若 $X\sim N(\mu_1,\sigma_1^2),Y\sim N(\mu_2,\sigma_2^2)$，且 X 与 Y 相互独立，则 $(X,Y)\sim N(\mu_1,\mu_2,\sigma_1^2,\sigma_2^2)$。

6. 二维随机变量函数的分布

(1) 二维离散型随机变量函数的分布与一维离散型一样，采用“列表法”，即先求出二维随机变量函数的所有可能取值，再计算出取各值时相应的概率。

(2) 二维连续型随机变量函数 $Z=g(X,Y)$ (其中 g 是连续函数)的分布，一般是先求出函数 $Z=g(X,Y)$ 的分布函数 $F_Z(z)$，再通过对分布函数求导得到密度函数 $f_Z(z)$，即若

$(X,Y)\sim f(x,y)$，则

$$F_Z(z)=P\{Z\leqslant z\}=\iint\limits_{g(x,y)\leqslant z} f(x,y)\,\mathrm{d}x\mathrm{d}y$$

从而 $f_Z(z)=F_Z'(z)$。

例 3-9 设 (X,Y) 的联合分布为

X \ Y	1	2	3
−2	$\frac{1}{12}$	$\frac{2}{12}$	$\frac{2}{12}$
−1	$\frac{1}{12}$	$\frac{1}{12}$	0
0	$\frac{2}{12}$	$\frac{1}{12}$	$\frac{2}{12}$

求 $Z=X+Y$ 的概率分布。

解 由于

(X,Y)	(−2,1)	(−2,2)	(−2,3)	(−1,1)	(−1,2)	(−1,3)	(0,1)	(0,2)	(0,3)
$Z=X+Y$	−1	0	1	0	1	2	1	2	3
P	$\frac{1}{12}$	$\frac{2}{12}$	$\frac{2}{12}$	$\frac{1}{12}$	$\frac{1}{12}$	0	$\frac{2}{12}$	$\frac{1}{12}$	$\frac{2}{12}$

得 $Z=X+Y$ 的概率分布为

Z	−1	0	1	2	3
P	$\frac{1}{12}$	$\frac{1}{4}$	$\frac{5}{12}$	$\frac{1}{12}$	$\frac{2}{12}$

例 3-10 设随机变量 X 与 Y 相互独立，均在区间 $(0,9)$ 内服从均匀分布，求随机变量 $Z=\dfrac{Y}{X}$ 的概率密度函数。

解 因 $X\sim f_X(x)=\begin{cases}\dfrac{1}{9}, & 0<x<9\\ 0, & \text{其他}\end{cases}$，$Y\sim f_Y(x)=\begin{cases}\dfrac{1}{9}, & 0<y<9\\ 0, & \text{其他}\end{cases}$，又 X,Y 相互独立，则 (X,Y) 联合密度函数为

$$f(x,y)=f_X(x)f_Y(y)=\begin{cases}\dfrac{1}{81}, & 0\leqslant x,y\leqslant 9\\ 0, & \text{其他}\end{cases}$$

随机变量 Z 的分布函数为

$$F_Z(z)=P\{Z\leqslant z\}=P\left\{\frac{Y}{X}\leqslant z\right\}$$

当 $z\leqslant 0$ 时，$F_Z(z)=0$；当 $0<z<1$ 时，如图 3-8 所示，有

$$F_Z(z)=P\{Y\leqslant zX\}=\iint_{D_1}f(x,y)\,\mathrm{d}x\mathrm{d}y=\frac{1}{81}\times\frac{1}{2}\times 9\times 9z=\frac{1}{2}z$$

当 $z\geqslant 1$时，如图 3-9 所示，有

$$F_Z(z)=P\{Y\leqslant zX\}=\iint_{D_2}f(x,y)\,\mathrm{d}x\mathrm{d}y=\frac{1}{81}\times\left(81-\frac{1}{2}\times 9\times\frac{9}{z}\right)=1-\frac{1}{2z}$$

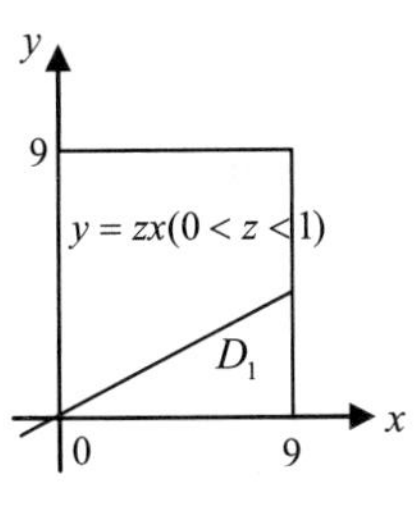

图 3-8

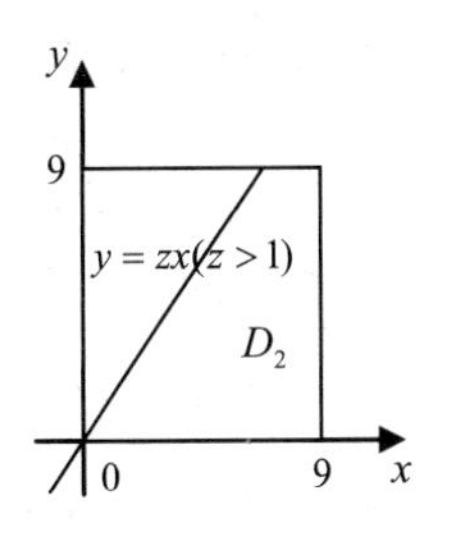

图 3-9

于是

$$F_Z(z)=\begin{cases}0, & z\leqslant 0\\ \dfrac{1}{2}z, & 0<z<1\\ 1-\dfrac{1}{2z}, & z\geqslant 1\end{cases}$$

从而

$$f_Z(z)=F_Z'(z)=\begin{cases}0, & z\leqslant 0\\ \dfrac{1}{2}, & 0<z<1\\ \dfrac{1}{2z^2}, & z\geqslant 1\end{cases}$$

小　　结

1. 多维随机变量及其分布

(1) 联合分布函数：对 $\forall(x_1,x_2,\cdots,x_n)\in\mathbf{R}^n$，称 n 元函数

$$F(x_1,x_2,\cdots,x_n)=P\{X_1\leqslant x_1,X_2\leqslant x_2,\cdots,X_n\leqslant x_n\}$$

为 n 维随机变量 $(X_1,X_2,\cdots,X_n)$ 的联合分布函数。

(2) 边缘分布函数：称函数

$$F_i(x_i)=P\{X_i\leqslant x_i\}=F(+\infty,\cdots,+\infty,x_i,+\infty,\cdots,+\infty)\quad(i=1,2,\cdots,n)$$

为 $(X_1,X_2,\cdots,X_n)$ 关于 X_i 的边缘分布函数。

(3) 独立性：若 $X_1,X_2,\cdots,X_n$ 的联合分布函数恒等于其边缘分布函数的乘积，即

$$F(x_1,x_2,\cdots,x_n)=F_1(x_1)F_2(x_2)\cdots F_n(x_n)$$

则称 $X_1,X_2,\cdots,X_n$ 相互独立。

2. 二维随机变量联合分布函数的性质

(1) 对每个自变量具有单调不减性：

① 对$\forall$固定的y，当$x_1 < x_2$时，恒有$F(x_1,y)\leqslant F(x_2,y)$。

② 对$\forall$固定的x，当$y_1 < y_2$时，恒有$F(x,y_1)\leqslant F(x,y_2)$。

(2) 规范性：

$$F(-\infty,-\infty)=\lim_{\substack{x\to-\infty\\ y\to-\infty}}F(x,y)=0,\quad F(+\infty,+\infty)=\lim_{\substack{x\to+\infty\\ y\to+\infty}}F(x,y)=1$$

$$F(x,-\infty)=\lim_{y\to-\infty}F(x,y)=0,\quad F(-\infty,y)=\lim_{x\to-\infty}F(x,y)=0$$

(3) 对于每个自变量右连续：

① 对$\forall$固定的y，$F(x_0+0,y)=\lim\limits_{x\to x_0^+}F(x,y)=F(x_0,y)$。

② 对$\forall$固定的x，$F(x,y_0+0)=\lim\limits_{y\to y_0^+}F(x,y)=F(x,y_0)$。

(4) 对$\forall x_1 < x_2, y_1 < y_2$，恒有$F(x_2,y_2)-F(x_1,y_2)-F(x_2,y_1)+F(x_1,y_1)\geqslant 0$。

3. 二维离散型随机变量的联合分布

(1) 二维离散型随机变量：设(X,Y)是二维随机变量，若X,Y分别是离散型随机变量，即(X,Y)的全部可能取值为有限或可列个点(x_i,y_j) $(i,j=1,2,\cdots)$，则称(X,Y)是二维离散型随机变量。

(2) 二维离散型随机变量的联合概率分布：当(X,Y)取值(x_i,y_j)时，其概率函数

$$P\{X=x_i,Y=y_j\}=p_{ij}\ (i,j=1,2,\cdots)$$

称为X与Y的联合概率分布或(X,Y)的分布律。通常将该函数以列表形式表示为

X \ Y	y_1	y_2	$\cdots$	y_j	$\cdots$
x_1	p_{11}	p_{12}	$\cdots$	p_{1j}	$\cdots$
x_2	p_{21}	p_{22}	$\cdots$	p_{2j}	$\cdots$
$\vdots$	$\vdots$	$\vdots$		$\vdots$	$\vdots$
x_i	p_{i1}	p_{i2}	$\cdots$	p_{ij}	$\cdots$
$\vdots$	$\vdots$	$\vdots$	$\cdots$	$\vdots$	$\cdots$

二维离散型随机变量联合分布的性质如下。

① 非负性：$p_{ij}\geqslant 0(i,j=1,2,\cdots)$。

② 规范性：$\sum\limits_{i=1}^{\infty}\sum\limits_{j=1}^{\infty}p_{ij}=1$。

(3) 二维离散型随机变量的边缘分布。

(X,Y)关于X的边缘分布为

X	x_1	x_2	$\cdots$	x_i	$\cdots$
P	$p_{1\bullet}$	$p_{2\bullet}$	$\cdots$	$p_{i\bullet}$	$\cdots$

(X,Y) 关于 Y 的边缘分布

Y	y_1	y_2	$\cdots$	y_j	$\cdots$
P	$p_{\bullet 1}$	$p_{\bullet 2}$	$\cdots$	$p_{\bullet j}$	$\cdots$

其中 $p_{i\bullet}=\sum\limits_{j=1}^{\infty}p_{ij}$ ， $p_{\bullet j}=\sum\limits_{i=1}^{\infty}p_{ij}$ 。

二维离散型随机变量边缘分布的性质为

$$\sum_{i=1}^{\infty}p_{i\bullet}=1\text{，}\quad \sum_{j=1}^{\infty}p_{\bullet j}=1$$

(4) 二维离散型随机变量的条件分布。

在已知 $X=x_i$ 的条件下，Y 取值的条件分布为

$$P\left\{Y=y_j \mid X=x_i\right\}=\frac{P\left\{X=x_i,Y=y_j\right\}}{P\left\{X=x_i\right\}}=\frac{p_{ij}}{p_{i\bullet}}(j=1,2,\cdots,\ p_{i\bullet}>0)$$

在已知 $Y=y_j$ 的条件下，X 取值的条件分布为

$$P\left\{X=x_i \mid Y=y_j\right\}=\frac{P\left\{X=x_i,Y=y_j\right\}}{P\left\{Y=y_j\right\}}=\frac{p_{ij}}{p_{\bullet j}}(i=1,2,\cdots,\ p_{\bullet j}>0)$$

二维离散型随机变量条件分布的性质如下。

① $P(Y=y_j \mid X=x_i)\geqslant 0$ 。

② $\sum\limits_{j=1}^{\infty}P(Y=y_j \mid X=x_i)=1$ 。

(5) 二维离散型随机变量的独立性。

X,Y 相互独立 $\Leftrightarrow$ 对于 (X,Y) 的每一可能取值 (x_i,y_j)，都有

$$p_{ij}=p_{i\bullet}p_{\bullet j}\ (i,j=1,2,\cdots)$$

4. 二维连续型随机变量

(1) 二维连续型随机变量：设 (X,Y) 为二维随机变量，$F(x,y)$ 为其联合分布函数，若存在非负可积函数 $f(x,y)$，使得对 $\forall\ (x,y)\in\mathbf{R}^2$，恒有

$$F(x,y)=P\left\{X\leqslant x,Y\leqslant y\right\}=\int_{-\infty}^{x}\int_{-\infty}^{y}f(u,v)\mathrm{d}u\mathrm{d}v$$

则称 (X,Y) 为二维连续型随机变量，$f(x,y)$ 为联合概率密度函数，记作 $(X,Y)\sim f(x,y)$ 。

(2) 二维连续型随机变量的性质如下。

① 对 $\forall\ (x,y)\in\mathbf{R}^2$，有 $f(x,y)\geqslant 0$。

② $\int_{-\infty}^{+\infty}\int_{-\infty}^{+\infty}f(x,y)\mathrm{d}x\mathrm{d}y=1$ 。

③ 若 $f(x,y)$ 在点 (x,y) 处连续，则 $\dfrac{\partial^2 F(x,y)}{\partial x\partial y}=f(x,y)$ 。

④ 对平面某一区域 D，有 $P\{(X,Y)\in D\}=\iint\limits_{D}f(x,y)\mathrm{d}x\mathrm{d}y$ 。

(3) 二维连续型随机变量的边缘分布。

(X,Y) 关于 X 的边缘概率密度函数：$f_X(x)=\int_{-\infty}^{+\infty}f(x,y)\mathrm{d}y$ 。

(X,Y)关于Y的边缘概率密度函数：$f_Y(y)=\int_{-\infty}^{+\infty}f(x,y)\mathrm{d}x$。

(4) 二维连续型随机变量的条件分布。

在已知$Y=y$的条件下，X的条件概率密度函数为

$$f_{X|Y}(x\mid y)=\frac{f(x,y)}{f_Y(y)}\quad(f_Y(y)>0)$$

在已知$X=x$的条件下，Y的条件概率密度函数为

$$f_{Y|X}(y\mid x)=\frac{f(x,y)}{f_X(x)}\quad(f_X(y)>0)$$

(5) 二维连续型随机变量的独立性。

X,Y相互独立$\Leftrightarrow\forall x,y\in\mathbf{R}$，都有$f(x,y)=f_X(x)f_Y(y)$。

5. 几种重要的二维连续型随机变量分布

(1) 平面区域D上的均匀分布$U(D)$：若(X,Y)的联合概率密度函数为

$$f(x,y)=\begin{cases}\dfrac{1}{A}, & (x,y)\in D\\ 0, & 其他\end{cases}$$

其中A是区域D的面积，则称(X,Y)在区域D上服从均匀分布，记作$(X,Y)\sim U(D)$。

二维均匀分布的性质如下。

① 若$(X,Y)\sim U(D)$，则随机点(X,Y)一定落在D上，且点(X,Y)落在D上任何一个子区域的概率只与该子区域的面积成正比，而与该子区域在D上的位置与形状无关。

② 若$(X,Y)\sim U(D)$，$D=\{(x,y)|a\leqslant x\leqslant b,c\leqslant y\leqslant d\}$，则$X,Y$相互独立，并且$X\sim U[a,b],Y\sim U[c,d]$。

(2) 二维正态分布$N(\mu_1,\mu_2,\sigma_1^2,\sigma_2^2,\rho)$。若$(X,Y)$的联合概率密度函数为

$$f(x,y)=\frac{1}{2\pi\sigma_1\sigma_2\sqrt{1-\rho^2}}\mathrm{e}^{-\frac{1}{2(1-\rho^2)}\left[\frac{(x-\mu_1)^2}{\sigma_1^2}-2\rho\frac{(x-\mu_1)(y-\mu_2)}{\sigma_1\sigma_2}+\frac{(y-\mu_2)^2}{\sigma_2^2}\right]}$$

则称(X,Y)服从参数为$\mu_1,\mu_2,\sigma_1^2(\sigma_1>0),\sigma_2^2(\sigma_2>0),\rho(|\rho|<1)$的二维正态分布，记作$(X,Y)\sim N(\mu_1,\mu_2,\sigma_1^2,\sigma_2^2,\rho)$。

二维正态分布的性质如下。

① 若$(X,Y)\sim N(\mu_1,\mu_2,\sigma_1^2,\sigma_2^2,\rho)$，则$X\sim N(\mu_1,\sigma_1^2),Y\sim N(\mu_2,\sigma_2^2)$。

② X与Y相互独立的充分必要条件是$\rho=0$。

③ 若$X\sim N(\mu_1,\sigma_1^2),Y\sim N(\mu_2,\sigma_2^2)$，且$X$与$Y$相互独立，则$(X,Y)\sim N(\mu_1,\mu_2,\sigma_1^2,\sigma_2^2)$。

6. 二维随机变量函数的分布

(1) 二维离散型随机变量函数的分布与一维离散型一样，采用“列表法”，即先求出二维随机变量函数的所有可能取值，再计算出取各值时相应的概率。

(2) 二维连续型随机变量函数$Z=g(X,Y)$(其中g是连续函数)的分布，一般是先求出函数$Z=g(X,Y)$的分布函数$F_Z(z)$，再通过对分布函数求导得到密度函数$f_Z(z)$，即若$(X,Y)\sim f(x,y)$，则

$$F_Z(z)=P\{Z\leqslant z\}=\iint\limits_{g(x,y)\leqslant z} f(x,y)\,\mathrm{d}x\mathrm{d}y$$

从而

$$f_Z(z)=F_Z'(z)$$

阶梯化训练题

一、基础能力题

1. (X,Y) 只取下列数组中的值：(0, 0), (−1, 1), (−1, 1/3), (2, 0)，且相应概率依次为 1/6, 1/3, 1/12, 5/12，列出 (X,Y) 的联合概率分布，并写出关于 X,Y 的边缘分布。

2. 袋中装有标号为 1,2,2 的同型号三个球，从中任取一球并且不再放回，然后再从袋中任取一球，以 X,Y 分别表示第一、第二次取到球上的号码。求：

(1) (X,Y) 的联合分布及边缘分布；

(2) 在 $Y=1$ 时，X 的条件分布；

(3) X,Y 是否独立？

3. 设 X 表示随机地在 1 ~ 4 的四个整数中取出的一个整数，Y 表示在 1 ~ X 中随机取出的一个整数，求 (X,Y) 的联合分布。

4. 设随机变量 U 在区间[−2,2]上服从均匀分布，而随机变量

$$X=\begin{cases}-1, & 若 U\leqslant -1\\ 1, & 若 U>-1\end{cases},\quad Y=\begin{cases}-1, & 若 U\leqslant 1\\ 1, & 若 U>1\end{cases}$$

求 X 和 Y 的联合概率分布。

5. 已知 (X,Y) 联合概率密度为 $f(x,y)=\begin{cases}c\sin(x+y), & 0\leqslant x,y\leqslant \dfrac{\pi}{4}\\ 0, & 其他\end{cases}$，求：

(1) 常数 c；

(2) Y 的边缘概率密度 $f_Y(y)$。

6. 设 $D=\{(x,y)\mid 0\leqslant x\leqslant 2, 0\leqslant y\leqslant 1\}$，二维随机变量 $(X,Y)\sim U(D)$，求边长为 X 和 Y 的矩形面积 S 的概率密度函数 $f(s)$。

7. 设 $(X,Y)\sim N(0,0,1,1,0)$，求 $P\left\{\dfrac{X}{Y}>0\right\}$。

8. 设二维随机变量 (X,Y) 的概率密度为

$$f(x,y)=\frac{1+\sin x\ \sin y}{2\pi}\mathrm{e}^{-\frac{1}{2}\left(x^2+y^2\right)}\quad(-\infty<x,y<\infty)$$

求其边缘密度函数 $f_X(x), f_Y(y)$。

提示：利用泊松积分 $\int_{-\infty}^{+\infty}\mathrm{e}^{-x^2}\mathrm{d}x=\sqrt{\pi}$。

二、综合提高题

1. 设随机变量 X,Y 相互独立且同分布，X 的分布函数为 $F(x)$，则 $Z=\max(X,Y)$ 的分布函数为(　　)。

A. $F^2(x)$　　B. $F(x)F(y)$

C. $1-[1-F(x)]^2$　　D. $[1-F(x)][1-F(y)]$

2. 设随机变量 X,Y 相互独立，且都服从区间 $[0,3]$ 上的均匀分布，求 $P\{\max(X,Y)\leqslant 1\}$。

3. 设随机变量 X 与 Y 相互独立，下面列出了二维随机变量 (X,Y) 的联合分布律及关于 X 与 Y 的边缘分布律中的部分数值，试将其余数值填入空白处。

X \ Y	y_1	y_2	y_3	$P\{X=x_i\}$
x_1		$\frac{1}{8}$		
x_2	$\frac{1}{8}$			
$P\{Y=y_j\}$	$\frac{1}{6}$			1

4. 设二维随机变量 (X,Y) 的概率分布为

Y \ X	0	1
0	0.4	a
1	b	0.1

已知随机事件 $\{X=0\}$ 与 $\{X+Y=1\}$ 互相独立，则(　　)。

A. $a=0.2,\ b=0.3$　　B. $a=0.4,\ b=0.1$

C. $a=0.3,\ b=0.2$　　D. $a=0.1,\ b=0.4$

5. 设随机变量的概率分布为

X_i	-1	0	1
P	$\frac{1}{4}$	$\frac{1}{2}$	$\frac{1}{4}$

其中 $i=1,2$，且满足 $P\{X_1X_2=0\}=1$，则 $P\{X_1=X_2\}$ 等于(　　)。

A. 0　　B. $\frac{1}{4}$　　C. $\frac{1}{2}$　　D. 1

6. 已知随机变量 X_1 和 X_2 的概率分布分别为

X_1	-1	0	1
P	$\frac{1}{4}$	$\frac{1}{2}$	$\frac{1}{4}$

X_2	0	1
P	$\frac{1}{2}$	$\frac{1}{2}$

而且 $P\{X_1X_2=0\}=1$。

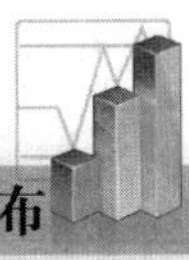

(1) 求 X_1 和 X_2 的联合分布；

(2) X_1 和 X_2 是否独立？为什么？

7. 袋中有一个红球、两个黑球、三个白球，现有放回地从袋中取两次，每次取一个球，以 X,Y,Z 分别表示两次取球所取得的红球、黑球与白球的个数。

(1) 求 $P\{X=1|Z=0\}$；

(2) 求二维随机变量 (X,Y) 的概率分布。

8. 设某班车起点站上客人数 X 服从参数为 $\lambda(\lambda>0)$ 的泊松分布，每位乘客在中途下车的概率为 $p\,(0<p<1)$，且中途下车与否相互独立。以 Y 表示在中途下车的人数，求:

(1) 在发车时有 n 个乘客的条件下，中途有 m 人下车的概率；

(2) 二维随机变量 (X,Y) 的概率分布。

9. 设两个随机变量 X 与 Y 相互独立且同分布，$P(X=-1)=P(Y=-1)=\dfrac{1}{2}$，$P(X=1)=P(Y=1)=\dfrac{1}{2}$，则下列各式成立的是(　　)。

A. $P(X=Y)=\dfrac{1}{2}$　　　　B. $P(X=Y)=1$

C. $P(X+Y=0)=\dfrac{1}{4}$　　　　D. $P(XY=1)=\dfrac{1}{4}$

10. 设二维随机变量 (X,Y) 的联合概率密度为

$$f(x,y)=\begin{cases}6x, & 0\leqslant x\leqslant y\leqslant 1\\ 0, & \text{其他}\end{cases}$$

求 $P\{X+Y\leqslant 1\}$。

11. 已知随机变量 (X,Y) 的联合概率密度为

$$f(x,y)=\begin{cases}4xy, & 0\leqslant x,y\leqslant 1\\ 0, & \text{其他}\end{cases}$$

求 (X,Y) 的联合分布函数 $F(x,y)$。

12. 设随机变量 X 和 Y 的联合分布是正方形 $G=\{(x,y)|\ 1\leqslant x\leqslant 3, 1\leqslant y\leqslant 3\}$ 上的均匀分布，试求随机变量 $U=|X-Y|$ 的概率密度 $f(u)$。

13. 设二维随机变量 (X,Y) 的概率密度为 $f(x,y)=\begin{cases}1, & 0<x<1, 0<y<2x\\ 0, & \text{其他}\end{cases}$，求:

(1) (X,Y) 的边缘密度函数 $f_X(x), f_Y(y)$；

(2) $Z=2X-Y$ 的密度函数 $f_Z(z)$；

(3) $P\left\{Y\leqslant\dfrac{1}{2}\middle|X\leqslant\dfrac{1}{2}\right\}$。

14. 设二维随机变量 (X,Y) 的概率密度为

$$f(x,y)=\begin{cases}\mathrm{e}^{-x}, & 0<y<x\\ 0, & \text{其他}\end{cases}$$

(1) 求条件概率密度 $f_{Y|X}(y|x)$；

(2) 求条件概率 $P\{X \leqslant 1 | Y \leqslant 1\}$。

15. 设随机变量 (X,Y) 服从二维正态分布，且 X 与 Y 不相关，$f_X(x), f_Y(y)$ 分别表示 X 与 Y 的概率密度，则在 $X=y$ 的条件下，X 的条件概率密度函数 $f_{X|Y}(x|y)$ 为(　　)。

A. $f_X(x)$　　B. $f_Y(y)$　　C. $f_X(x)f_Y(y)$　　D. $\dfrac{f_X(x)}{f_Y(y)}$

16. 设二维随机变量 (X,Y) 的概率密度为

$$f(x,y)=\begin{cases} 2-x-y, & 0<x,y<1 \\ 0, & \text{其他} \end{cases}$$

(1) 求 $P\{X>2Y\}$；

(2) 求 $Z=X+Y$ 的概率密度 $f_Z(z)$。

17. 设随机变量 X 在区间 $(0,1)$ 上服从均匀分布，在 $X=x(0<x<1)$ 的条件下，随机变量 Y 在区间 $(0,x)$ 上服从均匀分布，求：

(1) 随机变量 X 和 Y 的联合概率密度；

(2) Y 的概率密度；

(3) 概率 $P\{X+Y>1\}$。

18. 设随机变量 X 与 Y 独立，其中 X 的概率分布为

$$P\{X=1\}=0.3,\ P\{X=2\}=0.7$$

而 Y 的概率密度为 $f_Y(y)$，求随机变量 $Z=X+Y$ 的概率密度 $f_Z(z)$。

19. 设随机变量 X 与 Y 相互独立，且 X 服从标准正态分布 $N(0,1)$，Y 的概率分布为 $P\{Y=0\}=P\{Y=1\}=\dfrac{1}{2}$，记 $F_Z(z)$ 为随机变量 $Z=XY$ 的分布函数，则函数 $F_Z(z)$ 的间断点个数为(　　)。

A. 0　　B. 1　　C. 2　　D. 3

20. 设随机变量 X，Y 相互独立，X 的概率分布为 $P\{X=i\}=\dfrac{1}{3}(i=-1,0,1)$，$Y$ 的概率密度函数为

$$f_Y(y)=\begin{cases} 1, & 0 \leqslant y<1 \\ 0, & \text{其他} \end{cases}$$

记 $Z=X+Y$。

(1) 求 $P\left\{Z \leqslant \dfrac{1}{2} \middle| X=0\right\}$；

(2) 求 Z 的概率密度 $f_Z(z)$。

21. 假设随机变量 X_1, X_2, X_3, X_4 相互独立，且同分布：

$$P\{X_i=0\}=0.6,\ P\{X_i=1\}=0.4\ (i=1,2,3,4)$$

求行列式 $X=\begin{vmatrix} X_1 & X_2 \\ X_3 & X_4 \end{vmatrix}$ 的概率分布。

22. 假设一电路装有三个同种电气元件，其工作状态相互独立，且无故障工作时间都服从参数为 $\lambda>0$ 的指数分布。当三个元件都无故障时，电路正常工作，否则整个电路不能正常工作。试求电路正常工作的时间 T 的概率分布。

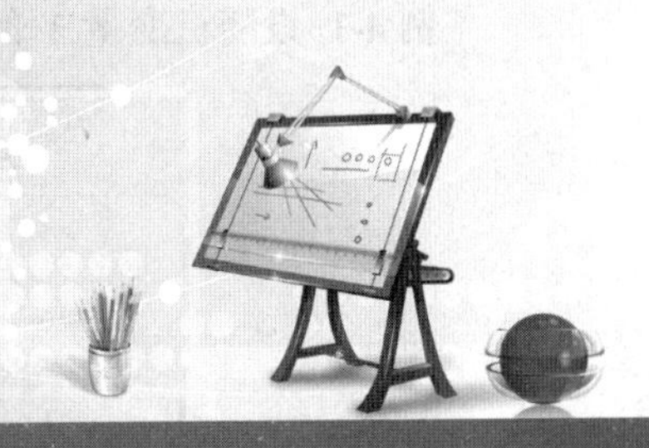

第 4 章　随机变量的数字特征

4.1　随机变量的数学期望

1. 数学期望

若全班 40 名同学，其年龄与人数统计如下：

年龄	18	19	20	21
人数	5	15	15	5

则该班同学的平均年龄为

$$\frac{18\times5+19\times15+20\times15+21\times5}{40}=18\times\frac{5}{40}+19\times\frac{15}{40}+20\times\frac{15}{40}+21\times\frac{5}{40}=19.5$$

若令 X 表示从该班同学中任选一同学的年龄，则 X 的分布律为

X	18	19	20	21
P	$\frac{5}{40}$	$\frac{15}{40}$	$\frac{15}{40}$	$\frac{5}{40}$

于是，X 的以概率为权重的加权平均值为

$$18\times\frac{5}{40}+19\times\frac{15}{40}+20\times\frac{15}{40}+21\times\frac{5}{40}=19.5$$

定义 4-1　(离散型)设随机变量 X 的概率分布为

X	x_1	x_2	$\cdots$	x_k	$\cdots$
P	p_1	p_2	$\cdots$	p_k	$\cdots$

若 $\sum_{k=1}^{\infty}|x_k|p_k<+\infty$，则称 $\sum_{k=1}^{\infty}x_k p_k$ 为 X 的数学期望或均值，记作 EX，即

$$EX=\sum_{k=1}^{\infty}x_k p_k \tag{4-1}$$

[注] (1) 要求 $\sum_{k=1}^{\infty}|x_k|p_k$ 收敛意味着 EX 与级数各项的次序无关。

(2) EX 表示随机变量 X 以概率为权重的加权平均值。

例 4-1 设随机变量 X 的概率分布为

X	0	1	2	3	4
P	$\frac{1}{12}$	$\frac{1}{6}$	$\frac{1}{3}$	$\frac{1}{6}$	$\frac{1}{4}$

试求 EX 。

解 $EX=0\times\frac{1}{12}+1\times\frac{1}{6}+2\times\frac{1}{3}+3\times\frac{1}{6}+4\times\frac{1}{4}=\frac{7}{3}$

例 4-2 现有 10 张奖券，其中 8 张为 2 元，2 张为 5 元。今某人从中随机无放回地抽取 3 张，求此人抽得奖券金额的数学期望。

解 设 X 表示随机无放回地抽取 3 张奖券抽得的金额，则

$$P\{X=6\}=P\{3张都是2元\}=\frac{C_8^3}{C_{10}^3}=\frac{7}{15}$$

$$P\{X=9\}=P\{2张2元,1张5元\}=\frac{C_8^2C_2^1}{C_{10}^3}=\frac{7}{15}$$

$$P\{X=12\}=P\{1张2元,2张5元\}=\frac{C_8^1C_2^2}{C_{10}^3}=\frac{1}{15}$$

于是 X 的分布律为

X	6	9	12
P	$\frac{7}{15}$	$\frac{7}{15}$	$\frac{1}{15}$

从而

$$EX=6\times\frac{7}{15}+9\times\frac{7}{15}+12\times\frac{1}{15}=7.8$$

定义 4-2 (连续型)设 $X\sim f(x)$，若广义积分 $\int_{-\infty}^{+\infty}|x|f(x)\mathrm{d}x<+\infty$，则称 $\int_{-\infty}^{+\infty}xf(x)\,\mathrm{d}x$ 为 X 的数学期望或均值，记作 EX，即

$$EX=\int_{-\infty}^{+\infty}xf(x)\,\mathrm{d}x \tag{4-2}$$

例 4-3 设 $X\sim U[a,b]$，求 EX 。

解 因

$$X\sim f(x)=\begin{cases}\frac{1}{b-a}, & a\leqslant x\leqslant b\\ 0, & 其他\end{cases}$$

则

$$EX=\int_{-\infty}^{+\infty}xf(x)\,\mathrm{d}x=\int_a^b\frac{x}{b-a}\mathrm{d}x=\frac{1}{2(b-a)}x^2\Big|_a^b=\frac{a+b}{2}$$

例 4-4 若 $X\sim E(\lambda)$，求 EX。

解 因

$$X\sim f(x)=\begin{cases}\lambda\mathrm{e}^{-\lambda x}, & x>0\\ 0, & x\leqslant 0\end{cases}\quad(\lambda>0)$$

则

$$EX=\int_{-\infty}^{+\infty}xf(x)\,\mathrm{d}x=\int_0^{+\infty}\lambda x\mathrm{e}^{-\lambda x}\mathrm{d}x=-\int_0^{+\infty}x\mathrm{d}\mathrm{e}^{-\lambda x}$$
$$=-\left(x\mathrm{e}^{-\lambda x}\Big|_0^{+\infty}-\int_0^{+\infty}\mathrm{e}^{-\lambda x}\mathrm{d}x\right)=-\frac{1}{\lambda}\mathrm{e}^{-\lambda x}\Big|_0^{+\infty}=\frac{1}{\lambda}$$

其中

$$x\mathrm{e}^{-\lambda x}\Big|_0^{+\infty}=\lim_{b\to+\infty}x\mathrm{e}^{-\lambda x}\Big|_0^b=\lim_{b\to+\infty}\frac{b}{\mathrm{e}^{\lambda b}}=\lim_{b\to+\infty}\frac{1}{\lambda\mathrm{e}^{\lambda b}}=0$$

定理 4-1 设 $Y=g(X)$ (其中 g 是连续函数)。

(1) (离散型)设 X 的概率分布为

X	x_1	x_2	$\cdots$	x_k	$\cdots$
P	p_1	p_2	$\cdots$	p_k	$\cdots$

若 $\sum_{k=1}^{\infty}|g(x_k)|p_k<+\infty$，则有

$$EY=E[g(X)]=\sum_{k=1}^{\infty}g(x_k)p_k \tag{4-3}$$

(2) (连续型)设 $X\sim f(x)$，若 $\int_{-\infty}^{+\infty}|g(x)|f(x)\mathrm{d}x<+\infty$，则有

$$EY=E[g(X)]=\int_{-\infty}^{+\infty}g(x)f(x)\mathrm{d}x \tag{4-4}$$

例 4-5 设随机变量 X 的概率分布为

X	−2	0	2
P	0.4	0.3	0.3

求：(1) EX；(2) $E(3X^2+5)$。

解 (1) $EX=-2\times0.4+0\times0.3+2\times0.3=-0.2$。

(2) $E(3X^2+5)=[3\times(-2)^2+5]\times0.4+(3\times0^2+5)\times0.3+(3\times2^2+5)\times0.3=13.4$。

例 4-6 设 $X\sim U[a,b]$，求 EX^2。

解 因

$$X\sim f(x)=\begin{cases}\dfrac{1}{b-a}, & a\leqslant x\leqslant b\\ 0, & \text{其他}\end{cases}$$

则

$$EX^2=\int_{-\infty}^{+\infty}x^2f(x)\,dx=\int_a^b\frac{x^2}{b-a}dx=\frac{1}{3(b-a)}x^3\Big|_a^b=\frac{a^2+ab+b^2}{3}$$

例 4-7 若 $X\sim E(\lambda)$，求 EX^2。

解 因

$$X\sim f(x)=\begin{cases}\lambda e^{-\lambda x}, & x>0\\ 0, & x\leqslant 0\end{cases}\quad(\lambda>0)$$

则

$$EX^2=\int_{-\infty}^{+\infty}x^2f(x)\,dx=\int_0^{+\infty}\lambda x^2e^{-\lambda x}dx$$
$$=-\int_0^{+\infty}x^2de^{-\lambda x}=-\left[x^2e^{-\lambda x}\Big|_0^{+\infty}-2\int_0^{+\infty}xe^{-\lambda x}dx\right]=\frac{2}{\lambda^2}$$

2. 数学期望的性质

设 X,Y 为随机变量，a,b,c 为常数，则

(1) $Ec=c$。

(2) $E(cX)=cEX$。

(3) $E(X+c)=EX+c$。

(4) $E(aX+b)=aEX+b$。

(5) $E(X+Y)=EX+EY$。

(6) 若 X,Y 相互独立，则 $E(XY)=(EX)(EY)$。

证 下面仅证离散型情形，连续型情形的证明类似。

(1) $Ec=c\times1=c$。

(2) $E(cX)=\sum\limits_{k=1}^{\infty}(cx_k)p_k=c\sum\limits_{k=1}^{\infty}x_kp_k=cEX$。

(3) $E(X+c)=\sum\limits_{k=1}^{\infty}(x_k+c)p_k=\left(\sum\limits_{k=1}^{\infty}x_kp_k+c\sum\limits_{k=1}^{\infty}p_k\right)=EX+c$。

(4) $E(aX+b)=E(aX)+Eb=aEX+b$。

(5) $$E(X+Y)=\sum_{i=1}^{\infty}\sum_{j=1}^{\infty}(x_i+y_j)p_{ij}=\sum_{i=1}^{\infty}x_i\left(\sum_{j=1}^{\infty}p_{ij}\right)+\sum_{j=1}^{\infty}y_j\left(\sum_{i=1}^{\infty}p_{ij}\right)$$
$$=\sum_{i=1}^{\infty}x_ip_{i\bullet}+\sum_{j=1}^{\infty}y_jp_{\bullet j}=EX+EY\text{。}$$

(6) 若 X,Y 相互独立，则

$$E(XY)=\sum_{i=1}^{\infty}\sum_{j=1}^{\infty}(x_iy_j)p_{ij}=\sum_{i=1}^{\infty}\sum_{j=1}^{\infty}x_iy_jp_{i\bullet}p_{\bullet j}=\left(\sum_{i=1}^{\infty}x_ip_{i\bullet}\right)\left(\sum_{j=1}^{\infty}y_jp_{\bullet j}\right)=(EX)(EY)$$

例 4-8 投掷 n 枚骰子，求出现点数之和 X 的数学期望。

解 设 X_i 表示第 i 枚骰子的点数($i=1,2,\cdots,n$)，则

$$EX_i=1\times\frac{1}{6}+2\times\frac{1}{6}+\cdots+6\times\frac{1}{6}=\frac{7}{2}\quad(i=1,2,\cdots,n)$$

又因为 $X=\sum\limits_{i=1}^{n}X_i$，则

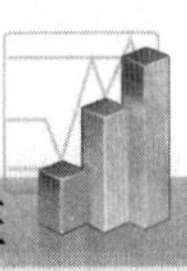

$$EX=E\left(\sum_{i=1}^{n}X_i\right)=\sum_{i=1}^{n}EX_i=\frac{7n}{2}$$

4.2　随机变量的方差

1. 方差

定义 4-3 设 X 是一随机变量，若 $E(X-EX)^2<+\infty$，则称 $E(X-EX)^2$ 为随机变量 X 的方差，记作 DX，即

$$DX=E(X-EX)^2 \tag{4-5}$$

而称 $\sqrt{DX}$ 为 X 的标准差。

[注] 显然 $DX\geqslant 0$，DX 越小，X 的可能取值越集中在 EX 附近；DX 越大，X 的可能取值越呈分散状态。DX 的大小反映了 X 的所有可能值与其均值 EX 的偏离程度。

定理 4-2 (离散型)

$$DX=E(X-EX)^2=\sum_{k=1}^{\infty}(x_k-EX)^2p_k \tag{4-6}$$

其中，$p_k=P\{X=x_k\}\ (k=1,2,3,\cdots)$。

(连续型)

$$DX=E(X-EX)^2=\int_{-\infty}^{+\infty}(x-EX)^2f(x)\,\mathrm{d}x \tag{4-7}$$

其中，$f(x)$ 是 X 的密度函数。

例 4-9 设 X 服从参数为 p 的 0-1 分布，求 EX,DX。

解　因为 X 的概率分布是

X	0	1
P	$1-p$	p

则

$$EX=0\times(1-p)+1\times p=p;\quad DX=(0-p)^2(1-p)+(1-p)^2p=p(1-p)$$

2. 方差的性质

设 X,Y 是随机变量，a,b,c 为常数，则

(1) $Dc=0$。

(2) $D(cX)=c^2DX$。

(3) $D(X+c)=DX$。

(4) $D(aX+b)=a^2DX$。

(5) 若 X 与 Y 独立，则 $D(X+Y)=DX+DY$。

(6) $DX=EX^2-(EX)^2$。

证 (1) $Dc=E(c-Ec)^2=E(c-c)^2=0$。

(2) $D(cX)=E[cX-E(cX)]^2=E\{c^2(X-EX)^2\}=c^2E(X-EX)^2=c^2DX$。

(3) $D(X+c)=E[(X+c)-E(X+c)]^2=E(X-EX)^2=DX$。

(4) $D(aX+b)=D(aX)=a^2DX$。

(5) 若 X 与 Y 独立，则

$$D(X+Y)=E[(X+Y)-E(X+Y)]^2=E[(X-EX)+(Y-EY)]^2$$
$$=E[(X-EX)^2+(Y-EY)^2+2(X-EX)(Y-EY)]$$
$$=E(X-EX)^2+E(Y-EY)^2+2E[(X-EX)(Y-EY)]=DX+DY。$$

(6) $DX=E(X-EX)^2=E[X^2-2XEX+(EX)^2]$
$$=EX^2-2EXEX+E(EX)^2=EX^2-(EX)^2。$$

例 4-10 设 $X\sim U[a,b]$，求 DX。

解 由例 4-3 及例 4-6，得

$$DX=EX^2-(EX)^2=\frac{a^2+ab+b^2}{3}-\left(\frac{a+b}{2}\right)^2=\frac{1}{12}(b-a)^2$$

例 4-11 若 $X\sim E(\lambda)$，求 DX。

解 由例 4-4 及例 4-7，得

$$DX=EX^2-(EX)^2=\frac{2}{\lambda^2}-\left(\frac{1}{\lambda}\right)^2=\frac{1}{\lambda^2}$$

例 4-12 设 $X\sim U[-1,2]$，随机变量 $Y=\begin{cases}1, & X>0\\ 0, & X=0\\ -1, & X<0\end{cases}$，求方差 DY。

解 因 $X\sim f(x)=\begin{cases}\frac{1}{3}, & -1\leqslant x\leqslant 2\\ 0, & 其他\end{cases}$，则

$$P\{Y=1\}=P\{X>0\}=\int_0^2\frac{1}{3}\mathrm{d}x=\frac{2}{3}$$
$$P\{Y=0\}=P\{X=0\}=0$$
$$P\{Y=-1\}=P\{X<0\}=\int_{-1}^0\frac{1}{3}\mathrm{d}x=\frac{1}{3}$$

于是 Y 的分布律为

Y	1	0	−1
P	$\frac{2}{3}$	0	$\frac{1}{3}$

由于

$$EY=1\times\frac{2}{3}+0\times 0+(-1)\times\frac{1}{3}=\frac{1}{3}$$
$$EY^2=1^2\times\frac{2}{3}+0^2\times 0+(-1)^2\times\frac{1}{3}=1$$

得
$$DY=EY^2-(EY)^2=1-\left(\frac{1}{3}\right)^2=\frac{8}{9}$$

例 4-13 一个螺丝钉的重量是随机变量，期望值为 10g，标准差为 1g。求 100 个一盒同型号螺丝钉重量的期望值和标准差各为多少(假定每个螺丝钉的重量都不受其他螺丝钉重量的影响)。

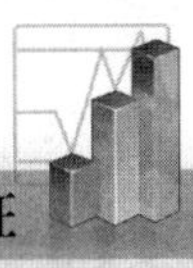

解 设 X_i 为第 i 个螺丝钉的重量，X 为一盒螺丝钉的总重量，则

$$EX_i = 10,\ \sqrt{DX_i} = 1,\ DX_i = 1\ (i = 1, 2, \cdots, 100)$$

一盒螺丝钉的总重量为 $X = \sum_{i=1}^{100} X_i$，于是

$$EX = E\left(\sum_{i=1}^{100} X_i\right) = \sum_{i=1}^{100} EX_i = \sum_{i=1}^{100} 10 = 100 \times 10 = 1000$$

由于各螺丝钉的重量互不影响，所以 $X_1, X_2, \cdots, X_{100}$ 之间相互独立，于是

$$DX = D\left(\sum_{i=1}^{100} X_i\right) = \sum_{i=1}^{100} DX_i = \sum_{i=1}^{100} 1 = 100,\quad \sqrt{DX} = 10$$

3. 原点矩与中心矩

定义 4-4 设 X 是一随机变量，则称 EX^k 为 X 的 k 阶原点矩，称 $E(X - EX)^k$ 为 X 的 k 阶中心矩。

[注] *X 的数学期望 EX 就是 X 的一阶原点矩，方差 DX 就是 X 的二阶中心矩。*

4.3　几种重要的随机变量的数字特征

下面给出一些重要的随机变量的数字特征。

1. 0－1 分布的数学期望与方差

若 X 服从参数为 p 的 $0-1$ 分布，则

$$EX = p,\quad DX = p(1 - p) \tag{4-8}$$

2. 几何分布的数学期望与方差

若 $X \sim G(p)$，则

$$EX = \frac{1}{p},\quad DX = \frac{1 - p}{p^2} \tag{4-9}$$

3. 二项分布的数学期望与方差

若 $X \sim B(n, p)$，则

$$EX = np,\quad DX = np(1 - p) \tag{4-10}$$

4. 泊松分布的数学期望与方差

若 $X \sim P(\lambda)$，则

$$EX = \lambda,\quad DX = \lambda \tag{4-11}$$

5. 超几何分布的数学期望与方差

若 $X \sim H(N, M, n)$，则

$$EX = n\frac{M}{N},\quad DX = n\frac{M}{N}\frac{N - M}{N}\frac{N - n}{N - 1} \tag{4-12}$$

6. 均匀分布的数学期望与方差

若 $X \sim U[a, b]$，则

$$EX = \frac{a+b}{2}, \quad DX = \frac{(b-a)^2}{12} \tag{4-13}$$

7. 指数分布的数学期望与方差

若 $X \sim E(\lambda)$，则

$$EX = \frac{1}{\lambda}, \quad DX = \frac{1}{\lambda^2} \tag{4-14}$$

8. 正态分布的数学期望与方差

若 $X \sim N(\mu, \sigma^2)$，则

$$EX = \mu, \quad DX = \sigma^2 \tag{4-15}$$

例 4-14 若随机变量 $X \sim N(-3,1)$，$Y \sim E(2)$，且 X 与 Y 相互独立，记 $Z = X - 2Y + 7$，求 EZ、DZ。

解 $EZ = EX - 2EY + E7 = -3 - 2 \times \frac{1}{2} + 7 = 3$

$$DZ = DX + (-2)^2 DY + D7 = 1 + 4 \times \frac{1}{4} = 2$$

例 4-15 若随机变量 X_1, X_2, X_3 相互独立，其中 $X_1 \sim U[-2,4]$，$X_2 \sim B\left(90, \frac{1}{3}\right)$，$X_3 \sim P(3)$，记 $Y = 2X_1 - X_2 + 3X_3$，求 EY、DY。

解 $EY = 2EX_1 - EX_2 + 3EX_3 = 2 \times \frac{-2+4}{2} - 90 \times \frac{1}{3} + 3 \times 3 = -19$

$$DY = 2^2 DX_1 + (-1)^2 DX_2 + 3^2 DX_3 = 4 \times \frac{36}{12} + 90 \times \frac{1}{3} \times \frac{2}{3} + 9 \times 3 = 59$$

4.4 二维随机变量的数字特征

1. 二维随机变量函数的数学期望

定义 4-5 设 $z = g(x, y)$ 是二元连续函数。

(离散型)若 $P\{X = x_i, Y = y_j\} = p_{ij} (i, j = 1, 2, \cdots)$，则函数 $Z = g(X,Y)$ 的数学期望是

$$EZ = Eg(X,Y) = \sum_{i=1}^{\infty}\sum_{j=1}^{\infty} g(x_i, x_j) p_{ij} \tag{4-16}$$

(连续型)若 $(X,Y) \sim f(x,y)$，则函数 $Z = g(X,Y)$ 的数学期望是

$$EZ = Eg(X,Y) = \int_{-\infty}^{+\infty}\int_{-\infty}^{+\infty} g(x,y) f(x,y)\, \mathrm{d}x\, \mathrm{d}y \tag{4-17}$$

2. 协方差及其性质

定义 4-6 称 $\mathrm{Cov}(X,Y) = E\{(X-EX)(Y-EY)\}$ 为随机变量 X 与 Y 的协方差。

协方差的性质如下。

(1) $\mathrm{Cov}(X,X) = DX$。

(2) $\mathrm{Cov}(X,c) = 0$。

(3) $\mathrm{Cov}(X,Y)=\mathrm{Cov}(Y,X)$。

(4) $\mathrm{Cov}(aX,bY)=ab\mathrm{Cov}(X,Y)$。

(5) $\mathrm{Cov}(X_1+X_2,Y)=\mathrm{Cov}(X_1,Y)+\mathrm{Cov}(X_2,Y)$。

(6) $D(X\pm Y)=DX+DY\pm 2\mathrm{Cov}(X,Y)$。

(7) $\mathrm{Cov}(X,Y)=E(XY)-(EX)(EY)$。

(8) 若 X,Y 独立，则 $\mathrm{Cov}(X,Y)=0$，反之不然。

证明略。

3. 相关系数及其性质

定义 4-7 若 $DX>0$，$DY>0$，则称

$$\rho=\frac{\mathrm{Cov}(X,Y)}{\sqrt{DX}\sqrt{DY}} \tag{4-18}$$

为随机变量 X,Y 的相关系数。

相关系数的性质如下。

(1) $|\rho|\leqslant 1$（$\rho>0$ 称正相关，$\rho<0$ 称负相关）。

(2) $|\rho|=1 \Leftrightarrow$ 存在常数 a,b，使 $P\{Y=aX+b\}=1$。具体地

$\rho=1 \Leftrightarrow P\{Y=aX+b\}=1$，其中 $a>0$　　——正线性相关

$\rho=-1 \Leftrightarrow P\{Y=aX+b\}=1$，其中 $a<0$　　——负线性相关

(3) $|\rho|$越大，随机变量 X,Y 的线性关系越密切；$|\rho|$越小，X,Y 的线性关系越差。

定义 4-8 若 X,Y 的相关系数 $\rho=0$，则称 X,Y 不相关。

[注]　(1) $\rho=0$ 只反映 X 与 Y 不存在线性关系，不排除它们有其他的函数关系。相关系数只是 X 与 Y 间线性相关程度的一种度量。

(2) 若 X,Y 相互独立，则 X,Y 不相关，反之不然。这说明，独立性是比不相关更为严格的条件。独立性反映 X 与 Y 之间不存在任何关系，而不相关只是就线性关系而言的，即使 X 与 Y 不相关，它们之间也可能存在非线性函数关系。

例 4-16 假设随机变量 X 和 Y 的方差都等于 1，X 和 Y 的相关系数为 $\rho=0.25$，求随机变量 $U=X+Y$ 和 $V=X-2Y$ 的协方差 $\mathrm{Cov}(U,V)$。

解　因 $DX=DY=1$，$\mathrm{Cov}(X,Y)=\rho\sqrt{DX}\sqrt{DY}=0.25$，因此

$$\begin{aligned}\mathrm{Cov}(U,V)&=\mathrm{Cov}(X+Y,X-2Y)=\mathrm{Cov}(X,X-2Y)+\mathrm{Cov}(Y,X-2Y)\\&=\mathrm{Cov}(X,X)-2\mathrm{Cov}(X,Y)+\mathrm{Cov}(Y,X)-2\mathrm{Cov}(Y,Y)\\&=DX-\mathrm{Cov}(X,Y)-2DY=1-0.25-2=-1.25\end{aligned}$$

例 4-17 设随机变量 X,Y 独立同分布，且 X 的概率分布为

X	1	2
P	$\frac{2}{3}$	$\frac{1}{3}$

记 $U=\max\{X,Y\}$，$V=\min\{X,Y\}$。

(1) 求 (U,V) 的概率分布；

(2) 求 (U,V) 的协方差 $\mathrm{Cov}(U,V)$。

解 (1) 由 X,Y 的概率分布，知 U,V 的可能取值均为1,2，且

$$P(U=1,V=1)=P(\max\{X,Y\}=1,\min\{X,Y\}=1)$$
$$=P(X=1,Y=1)=P(X=1)P(Y=1)=\frac{4}{9}$$
$$P(U=1,V=2)=P(\max\{X,Y\}=1,\min\{X,Y\}=2)=0$$
$$P(U=2,V=1)=P(\max\{X,Y\}=2,\min\{X,Y\}=1)$$
$$=P(X=2,Y=1)+P(X=1,Y=2)$$
$$=P(X=2)P(Y=1)+P(X=1)P(Y=2)=\frac{4}{9}$$
$$P(U=2,V=2)=P(\max\{X,Y\}=2,\min\{X,Y\}=2)$$
$$=P(X=2,Y=2)=P(X=2)P(Y=2)=\frac{1}{9}$$

故 (U,V) 的概率分布为

U \ V	1	2
1	$\frac{4}{9}$	0
2	$\frac{4}{9}$	$\frac{1}{9}$

(2) 由于 $$E(UV)=1\times1\times\frac{4}{9}+0+2\times1\times\frac{4}{9}+2\times2\times\frac{1}{9}=\frac{16}{9}$$

$$E(U)=1\times\frac{4}{9}+2\times\frac{5}{9}=\frac{14}{9},\quad E(V)=1\times\frac{8}{9}+2\times\frac{1}{9}=\frac{10}{9}$$

所以 $$\mathrm{Cov}(U,V)=E(UV)-E(U)E(V)=\frac{16}{9}-\frac{14}{9}\times\frac{10}{9}=\frac{4}{81}$$

小　结

1. 一维随机变量的数学期望

(1) 离散型随机变量的数学期望：设随机变量 X 的概率分布为

X	x_1	x_2	$\cdots$	x_k	$\cdots$
P	p_1	p_2	$\cdots$	p_k	$\cdots$

若 $\sum_{k=1}^{\infty}|x_k|p_k<+\infty$，则 X 的数学期望为

$$EX=\sum_{k=1}^{\infty}x_k p_k$$

(2) 连续型随机变量的数学期望：设 $X\sim f(x)$，若广义积分 $\int_{-\infty}^{+\infty}|x|f(x)\mathrm{d}x<+\infty$，则 X 的数学期望为

$$EX=\int_{-\infty}^{+\infty}xf(x)\,\mathrm{d}x$$

[注]　EX 表示随机变量 X 以概率为权重的加权平均值。

(3) 随机变量函数的数学期望：设 $Y=g(X)$ (其中 g 是连续函数)。

① (离散型)设 X 的概率分布为

X	x_1	x_2	$\cdots$	x_k	$\cdots$
P	p_1	p_2	$\cdots$	p_k	$\cdots$

若 $\sum\limits_{k=1}^{\infty}|g(x_k)|p_k<+\infty$，则有

$$EY=E[g(X)]=\sum_{k=1}^{\infty}g(x_k)p_k$$

② (连续型)设 $X\sim f(x)$，若 $\int_{-\infty}^{+\infty}|g(x)|f(x)\mathrm{d}x<+\infty$，则有

$$EY=E[g(X)]=\int_{-\infty}^{+\infty}g(x)f(x)\mathrm{d}x$$

(4) 数学期望性质。

① $Ec=c$。

② $E(cX)=cEX$。

③ $E(X+c)=EX+c$。

④ $E(aX+b)=aEX+b$。

⑤ $E(X+Y)=EX+EY$。

⑥ 若 X,Y 相互独立，则 $E(XY)=(EX)(EY)$。

2. 一维随机变量的方差

(1) 方差：设 X 是一随机变量，若 $E(X-EX)^2<+\infty$，则 X 的方差为

$$DX=E(X-EX)^2$$

标准差为 $\sqrt{DX}$。

[注]　DX 的大小反映了 X 的所有可能值与其均值 EX 的偏离程度。

(2) 计算方差的具体方法。

① (离散型)　$DX=E(X-EX)^2=\sum\limits_{k=1}^{\infty}(x_k-EX)^2p_k$，其中 $p_k=P\{X=x_k\}$ $(k=1,2,3,\cdots)$。

② (连续型)　$DX=E(X-EX)^2=\int_{-\infty}^{+\infty}(x-EX)^2f(x)\,\mathrm{d}x$，其中 $f(x)$ 是 X 的密度函数。

(3) 方差的性质。

① $Dc=0$。

② $D(cX)=c^2DX$。

③ $D(X+c)=DX$。

④ $D(aX+b)=a^2DX$。

⑤ 若 X 与 Y 独立，则 $D(X+Y)=DX+DY$。

⑥ $DX=EX^2-(EX)^2$。

3. 原点矩与中心矩

设 X 是一随机变量，则称 EX^k 为 X 的 k 阶原点矩，称 $E(X-EX)^k$ 为 X 的 k 阶中心矩。

4. 几种重要的随机变量的数字特征

(1) 0－1 分布：若 X 的概率分布是 $P\{X=k\}=p^k(1-p)^{1-k}\ (k=0,1)$，则 $EX=p$，$DX=p(1-p)$。

(2) 几何分布：若 $X\sim G(p)$，则 $EX=\dfrac{1}{p}$，$DX=\dfrac{1-p}{p^2}$。

(3) 二项分布：若 $X\sim B(n,p)$，则 $EX=np$，$DX=np(1-p)$。

(4) 泊松分布：若 $X\sim P(\lambda)$，则 $EX=\lambda$，$DX=\lambda$。

(5) 超几何分布：若 $X\sim H(N,M,n)$，则 $EX=n\dfrac{M}{N}$，$DX=n\dfrac{M}{N}\dfrac{N-M}{N}\dfrac{N-n}{N-1}$。

(6) 均匀分布：若 $X\sim U[a,b]$，则 $EX=\dfrac{a+b}{2}$，$DX=\dfrac{(b-a)^2}{12}$。

(7) 指数分布：若 $X\sim E(\lambda)$，则 $EX=\dfrac{1}{\lambda}$，$DX=\dfrac{1}{\lambda^2}$。

(8) 正态分布：若 $X\sim N(\mu,\sigma^2)$，则 $EX=\mu$，$DX=\sigma^2$。

5. 二维随机变量的数字特征

(1) 二维随机变量函数的数学期望：设 $z=g(x,y)$ 是二元连续函数。

① (离散型)若 $P\{X=x_i,Y=y_j\}=p_{ij}(i,j=1,2,\cdots)$，则函数 $Z=g(X,Y)$ 的数学期望是

$$EZ=Eg(X,Y)=\sum_{i=1}^{\infty}\sum_{j=1}^{\infty}g(x_i,x_j)p_{ij}$$

特别

$$E(XY)=\sum_{i=1}^{\infty}\sum_{j=1}^{\infty}x_ix_jp_{ij}$$

② (连续型)若 $(X,Y)\sim f(x,y)$，则函数 $Z=g(X,Y)$ 的数学期望是

$$EZ=Eg(X,Y)=\int_{-\infty}^{+\infty}\int_{-\infty}^{+\infty}g(x,y)f(x,y)\,\mathrm{d}x\,\mathrm{d}y$$

特别

$$EXY=\int_{-\infty}^{+\infty}\int_{-\infty}^{+\infty}xyf(x,y)\,\mathrm{d}x\,\mathrm{d}y$$

(2) 随机变量 X 与 Y 的协方差：

$$\mathrm{Cov}(X,Y)=E\{(X-EX)(Y-EY)\}$$

(3) 协方差的性质。

① $\mathrm{Cov}(X,X)=DX$。

② $\mathrm{Cov}(X,c)=0$。

③ $\mathrm{Cov}(X,Y)=\mathrm{Cov}(Y,X)$。

④ $\mathrm{Cov}(aX,bY)=ab\mathrm{Cov}(X,Y)$。

⑤ $\mathrm{Cov}(X_1+X_2,Y)=\mathrm{Cov}(X_1,Y)+\mathrm{Cov}(X_2,Y)$。

⑥ $D(X\pm Y)=DX+DY\pm 2\mathrm{Cov}(X,Y)$。

⑦ $\mathrm{Cov}(X,Y)=E(XY)-(EX)(EY)$。

⑧ 若 X,Y 独立，则 $\mathrm{Cov}(X,Y)=0$，反之不然。

(4) 随机变量 X,Y 的相关系数：

$$\rho=\frac{\mathrm{Cov}(X,Y)}{\sqrt{DX}\sqrt{DY}}\quad (DX>0,\ DY>0)$$

(5) 相关系数的性质。

① $|\rho|\leqslant 1$（$\rho>0$ 称正相关，$\rho<0$ 称负相关）。

② $|\rho|=1 \Leftrightarrow$ 存在常数 a,b，使 $P\{Y=aX+b\}=1$。具体地：

$\rho=1 \Leftrightarrow P\{Y=aX+b\}=1$，其中 $a>0$　　——正线性相关

$\rho=-1 \Leftrightarrow P\{Y=aX+b\}=1$，其中 $a<0$　　——负线性相关

③ $|\rho|$ 越大，随机变量 X,Y 的线性关系愈密切；$|\rho|$ 越小，X,Y 的线性关系越差。

[注] X,Y 的相关系数 ρ 是 X 与 Y 间线性相关程度的一种度量。

(6) 不相关：若 X,Y 的相关系数 $\rho=0$，则称 X,Y 不相关。

阶梯化训练题

一、基础能力题

1. 设随机变量 X 的概率分布是

X	-1	0	2
P	0.4	0.3	0.3

试求：(1) EX；(2) $E(X^2)$；(3) $E(3X^2+5)$。

2. 设 $X\sim f(x)=\begin{cases}2(1-x), & 0<x<1\\ 0, & 其他\end{cases}$，求 EX。

3. 对圆的直径 X 作近似测量，设其值均匀分布在区间 $[a,b]$ 上，求圆的面积 Y 的数学期望。

4. 设 $X\sim f(x)=\begin{cases}2, & 0<x<\frac{1}{2}\\ 0, & 其他\end{cases}$，试求 $Y=2X^2$ 的数学期望 EY 及方差 DY。

5. 连续型随机变量 X 的概率密度为

$$f(x)=\begin{cases}kx^a, & 0<x<1 \quad (k,a>0)\\ 0, & 其他\end{cases}$$

又知 $EX=0.75$，求 k 和 a 的值。

6. 已知随机变量 X 服从二项分布，$EX=12$，$DX=8$，求 p 和 n。

7. 事件 A 在每次试验中出现的概率为 0.3，进行 19 次独立试验，求出现次数的平均值和标准差。

8. 假定每人生日在各个月份的机会是同样的，求 3 个人中生日在第一季度的平均人数。

9. 某型号电子管的寿命 X 服从指数分布，如果它的平均寿命 $EX=1000$ 小时。

(1) 写出 X 的概率密度函数;

(2) 计算 $P\{1000\leqslant X\leqslant 1200\}$;

(3) 计算电子管在使用 500 小时没坏的条件下还可以继续使用 100 小时而不坏的概率。

10. 设电压(以 V 计) $X \sim N(0,9)$。将电压施加于一检波器，其输出电压为 $Y = 5X^2$，求输出电压 Y 的均值。

11. 设 $X_1 \sim B\left(12,\dfrac{1}{3}\right)$，$X_2 \sim P(3)$，且 X_1, X_2 相互独立，记 $Y = 3X_1 - 2X_2$，计算 EY，DY。

12. 设 $X_1 \sim U[2,8]$，$X_2 \sim E(3)$，$X_3 \sim N(1,4)$，且 X_1, X_2, X_3 相互独立，记 $Y = 2X_1 + 3X_2 - 4X_3$，计算 EY，DY。

13. 设 X 和 Y 的方差分别为 25 和 36，相关系数为 0.4，求 $D(X+Y)$，$D(X-Y)$。

14. 设 X 和 Y 相互独立，且都服从 $0-1$ 分布，$P\{X=1\} = P\{Y=1\} = 0.6$。试证明 $U = X+Y$，$V=X-Y$ 既不相关又不独立。

15. 设试验 E 以概率 p 成功，以概率 $1-p$ 失败，X 和 Y 分别表示在 n 次独立重复试验中成功和失败的次数，求 X 和 Y 的相关系数 ρ。

二、综合提高题

1. 设随机变量 X 服从参数为 1 的泊松分布，求 $P\left\{X = EX^2\right\}$。

2. 设随机变量 X 服从参数为 λ 的指数分布，求 $P\{X > \sqrt{DX}\}$。

3. 设随机变量 X 服从参数为 λ 的泊松分布，且已知 $E[(X-1)(X-2)] = 1$，求 λ 的值。

4. 已知甲、乙两箱中装有同种产品，其中甲箱中装有 3 件合格品和 3 件次品，乙箱中仅装有 3 件合格品。从甲箱中任取 3 件产品放入乙箱后，求:

(1) 乙箱中次品件数的数学期望;

(2) 从乙箱中任取一件产品是次品的概率。

5. 设二维随机变量 (X,Y) 在以点(0,1)，(1,0)，(1,1)为顶点的三角形区域上服从均匀分布，试求随机变量 $U = X+Y$ 的方差。

6. 设随机变量 Y 服从参数为 $\lambda = 1$ 的指数分布，随机变量

$$X_k = \begin{cases} 0, & Y \leqslant k \\ 1, & Y > k \end{cases} \qquad (k = 1,2)$$

求:

(1) X_1 和 X_2 的联合概率分布;

(2) $E(X_1 + X_2)$。

7. 设二维随机变量 (X,Y) 的概率分布为

X \ Y	−1	0	1
−1	a	0	0.2
0	0.1	b	0.2
1	0	0.1	c

其中 a,b,c 为常数，且 X 的数学期望 $EX = -0.2$，$P\left\{Y \leqslant 0 \middle| X \leqslant 0\right\} = 0.5$，记 $Z = X+Y$。

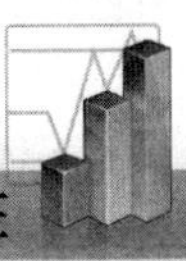

求:

(1) a,b,c 的值;

(2) Z 的概率分布;

(3) $P\{X=Z\}$。

8. 假设随机变量U在区间$[-2,2]$上服从均匀分布，随机变量

$$X=\begin{cases}-1, & U\leqslant -1\\ 1, & U>-1\end{cases},\quad Y=\begin{cases}-1, & U\leqslant 1\\ 1, & U>1\end{cases}$$

试求:

(1) X 和 Y 的联合概率分布;

(2) $D(X+Y)$。

9. 设随机变量 X 的概率密度为

$$f(x)=\begin{cases}\dfrac{1}{2}\cos\dfrac{x}{2}, & 0\leqslant x\leqslant \pi\\ 0, & 其他\end{cases}$$

对 X 独立地重复观察 4 次，用 Y 表示观察值大于 $\dfrac{\pi}{3}$ 的次数，求 EY^2。

10. 设随机变量 X,Y 的相关系数为 $\rho=0.5$， $EX=EY=0$， $EX^2=EY^2=2$，求 $E(X+Y)^2$。

11. 设随机变量 $X\sim N(0,1)$， $Y\sim N(1,4)$，且相关系数 $\rho_{XY}=1$，则(　　)。

A. $P\{Y=-2X-1\}=1$　　B. $P\{Y=2X-1\}=1$

C. $P\{Y=-2X+1\}=1$　　D. $P\{Y=2X+1\}=1$

12. 对于任意两事件 A 和 B， $0<P(A)<1$, $0<P(B)<1$，将

$$\rho=\frac{P(AB)-P(A)P(B)}{\sqrt{P(A)P(B)P(\bar{A})P(\bar{B})}}$$

称作事件 A 和 B 的相关系数。

(1) 证明事件 A 和 B 独立的充分必要条件是其相关系数等于零;

(2) 利用随机变量相关系数的基本性质证明 $|\rho|\leqslant 1$。

13. 假设二维随机变量 (X,Y) 在矩形 $G=\{(x,y)\,|\,0\leqslant x\leqslant 2, 0\leqslant y\leqslant 1\}$ 上服从均匀分布，记

$$U=\begin{cases}0, X\leqslant Y\\ 1, X>Y\end{cases},\quad V=\begin{cases}0, X\leqslant 2Y\\ 1, X>2Y\end{cases}$$

(1) 求 U 和 V 的联合分布;

(2) 求 U 和 V 的相关系数 ρ。

14. 设随机变量 $X_1,X_2,\cdots,X_n\ (n>1)$ 独立同分布，且其方差为 $\sigma^2>0$，令 $Y=\dfrac{1}{n}\sum\limits_{i=1}^{n}X_i$，则(　　)。

A. $\mathrm{Cov}(X_1,Y)=\dfrac{\sigma^2}{n}$　　B. $\mathrm{Cov}(X_1,Y)=\sigma^2$

C. $D(X_1+Y)=\frac{n+2}{n}\sigma^2$　　　　D. $D(X_1-Y)=\frac{n+1}{n}\sigma^2$

15. 设A,B为随机事件，且$P(A)=\frac{1}{4}$，$P(B|A)=\frac{1}{3}$，$P(A|B)=\frac{1}{2}$，令

$$X=\begin{cases}1, & A\text{出现}\\0, & A\text{不出现}\end{cases},\quad Y=\begin{cases}1, & B\text{ 出现}\\0, & B\text{ 不出现}\end{cases}$$

求:

(1) 二维随机变量(X,Y)的概率分布;

(2) X与Y的相关系数ρ_{XY}。

16. 两台同样的自动记录仪，每台无故障工作时间服从参数为 5 的指数分布。先开动其中一台，当其发生故障时停用而另一台自动开动。试求两台自动记录仪无故障工作的总时间T的概率密度$f(t)$、数学期望和方差。

17. 假设由自动生产线加工的某种零件的内径X(单位：毫米)服从正态分布$N(\mu,1)$，内径小于 10 或大于 12 的为不合格品，其余为合格品；销售每件合格品获利，销售每件不合格品亏损。已知销售利润T(单位：元)与销售零件的内径X有如下关系:

$$T=\begin{cases}-1, & X<10\\20, & 10\leqslant X\leqslant 12\\-5, & X>12\end{cases}$$

问：平均内径μ取何值时，销售一个零件的平均利润最大?

第5章 大数定律和中心极限定理

5.1 大数定律

切比雪夫(Chebyshev)不等式：设随机变量 X 存在数学期望 EX 和方差 DX，则对于 $\forall\varepsilon>0$，恒有：

(1) $$P\{|X-EX|\geqslant\varepsilon\}\leqslant\frac{DX}{\varepsilon^2} \tag{5-1}$$

(2) $$P\{|X-EX|<\varepsilon\}\geqslant 1-\frac{DX}{\varepsilon^2} \tag{5-2}$$

证 只证 X 为连续型随机变量的情况，离散型的证明类似。

若 $X\sim f(x)$，则有：

(1) $$P\{|X-EX|\geqslant\varepsilon\}=\int\limits_{|X-EX|\geqslant\varepsilon}f(x)\mathrm{d}x=\int\limits_{|X-EX|\geqslant\varepsilon}\frac{\varepsilon}{\varepsilon^2}f(x)\mathrm{d}x$$
$$\leqslant\frac{1}{\varepsilon^2}\int\limits_{|X-EX|\geqslant\varepsilon}(x-EX)^2f(x)\mathrm{d}x\leqslant\frac{1}{\varepsilon^2}\int_{-\infty}^{+\infty}(x-EX)^2f(x)\mathrm{d}x=\frac{DX}{\varepsilon^2}$$

(2) $$P\{|X-EX|<\varepsilon\}=1-P\{|X-EX|\geqslant\varepsilon\}\geqslant 1-\frac{DX}{\varepsilon^2}$$

例 5-1 设电站供电网有 10 000 盏电灯，夜晚每盏灯开灯的概率为 0.7，且各盏灯开关彼此独立，试估计夜晚同时开着灯的数量为 6800～7200 盏的概率。

解 令 X 表示夜晚同时开着灯的数量，则 $X\sim B(10\,000,0.7)$。因 $EX=np=10\,000\times0.7=7000$，$DX=np(1-p)=10\,000\times0.7\times0.3=2100$，则由切比雪夫不等式估计此概率为

$$P\{6800<X<7200\}=P\{-200<X-7000<200\}$$
$$=P\{|X-7000|<200\}\geqslant 1-\frac{2100}{(200)^2}=0.9475$$

定义 5-1 若对于 $\forall\varepsilon>0$，恒有 $\lim\limits_{n\to\infty}P\{|X_n-a|<\varepsilon\}=1$，则称随机变量序列 $\{X_n\}$ 依概率收敛于常数 a。

切比雪夫大数定律：设随机变量 $X_1, X_2, \cdots$ 相互独立，均存在数学期望及方差，且 $DX_k < C(k=1,2,\cdots)$，则对于 $\forall \varepsilon > 0$，恒有

$$\lim_{n\to\infty} P\left(\left|\frac{1}{n}\sum_{k=1}^{n} X_k - \frac{1}{n}\sum_{k=1}^{n} EX_k\right| < \varepsilon\right) = 1 \tag{5-3}$$

证 因 $X_1, X_2, \cdots$ 相互独立，则 $D\left(\frac{1}{n}\sum_{k=1}^{n} X_k\right) = \frac{1}{n^2}\sum_{k=1}^{n} DX_k \leqslant \frac{1}{n^2}\sum_{k=1}^{n} C = \frac{C}{n}$，于是对于 $\forall \varepsilon > 0$，利用切比雪夫不等式得

$$1 \geqslant P\left(\frac{1}{n}\sum_{k=1}^{n} X_k - E\left(\frac{1}{n}\sum_{k=1}^{n} X_k\right) < \varepsilon\right) = P\left(\left|\frac{1}{n^2}\sum_{k=1}^{n} X_k - \frac{1}{n^2}\sum_{k=1}^{n} EX_k\right| < \varepsilon\right) \geqslant \left(1 - \frac{C}{\varepsilon^2 n}\right)$$

从而

$$\lim_{n\to\infty} P\left(\left|\frac{1}{n}\sum_{k=1}^{n} X_k - \frac{1}{n}\sum_{k=1}^{n} EX_k\right| < \varepsilon\right) = 1$$

辛钦(Khinchine)大数定律：若 $X_1, X_2, \cdots$ 相互独立且同分布，$EX_k = \mu(k=1,2,\cdots)$，则对于 $\forall \varepsilon > 0$，恒有

$$\lim_{n\to\infty} P\left(\left|\frac{1}{n}\sum_{k=1}^{n} X_k - \mu\right| < \varepsilon\right) = 1 \tag{5-4}$$

证明略。

[注] 辛钦大数定律指出，n 个相互独立且同分布的随机变量，它们的算术平均值依概率收敛于它们的数学期望。

伯努利(Bernoulli)大数定律：设 Y_n 是 n 重伯努利试验中事件 A 出现的次数，$P(A) = p$，即 $Y_n \sim B(n, p)$，则对于 $\forall \varepsilon > 0$，恒有

$$\lim_{n\to\infty} P\left(\left|\frac{Y_n}{n} - p\right| < \varepsilon\right) = 1 \tag{5-5}$$

证 设 X_k 为第 k 次试验中事件 A 出现的次数，则 X_k 服从参数为 p 的 $0-1$ 分布，$EX_k = p(k=1,2,\cdots,n)$，并且 $X_1, X_2, \cdots, X_n$ 相互独立。而 $Y_n = \sum_{k=1}^{n} X_k$，由切比雪夫大数定律得

$$\lim_{n\to\infty}\left(\left|\frac{1}{n}\sum_{k=1}^{n} X_k - \frac{1}{n}\sum_{k=1}^{n} EX_k\right| < \varepsilon\right) = \lim_{n\to\infty} P\left(\left|\frac{Y_n}{n} - p\right| < \varepsilon\right) = 1$$

[注] 伯努利大数定律说明，事件 A 出现的频率依概率收敛于 A 的概率，这就以严格的数学形式描述了频率的稳定性。

5.2 中心极限定理

列维-林得伯格(Levy-Lindberg)定理：设随机变量 $X_1, X_2, \cdots$ 相互独立且同分布，$E(X_k) = \mu$，$D(X_k) = \sigma^2(\sigma > 0,\ k=1,2,\cdots)$，则对 $\forall x$，恒有

$$\lim_{n\to\infty} P\left\{\frac{\sum_{k=1}^{n} X_k - n\mu}{\sqrt{n}\sigma} \leqslant x\right\} = \lim_{n\to\infty} P\left\{\frac{\frac{1}{n}\sum_{k=1}^{n} X_k - \mu}{\frac{\sigma}{\sqrt{n}}} \leqslant x\right\} = \frac{1}{\sqrt{2\pi}}\int_{-\infty}^{x} e^{-\frac{t^2}{2}} dt = \Phi(x) \tag{5-6}$$

证明略。

[注] 当 n 非常大时，近似有

(1)
$$Y_n=\frac{\frac{1}{n}\sum_{k=1}^{n}X_k-\mu}{\frac{\sigma}{\sqrt{n}}}=\frac{\sum_{k=1}^{n}X_k-n\mu}{\sqrt{n}\sigma}\sim N(0,1) \tag{5-7}$$

(2)
$$P(a\leqslant Y_n\leqslant b)=\Phi(b)-\Phi(a) \tag{5-8}$$

(3)
$$\sum_{k=1}^{n}X_k\sim N(n\mu,n\sigma^2) \tag{5-9}$$

例 5-2 生产线组装每件产品的时间服从指数分布。统计资料表明，每件产品的平均组装时间为 10min。假设各件产品的组装时间互不影响，求组装 100 件产品需要 15～20h 的概率。

解 设 $X_k\ (k=1,2,\cdots,100)$ 表示第 k 件产品的组装时间。由 X_k 服从指数分布，且每件产品的平均组装时间为 10min，得 $EX_k=\frac{1}{\lambda}=10$，$DX_k=\frac{1}{\lambda^2}=100(k=1,2,\cdots,100)$。又由各件产品的组装时间互不影响，知 $X_1,X_2,\cdots,X_{100}$ 独立，于是 $X_1,X_2,\cdots,X_{100}$ 独立且都服从参数为 $\lambda=\frac{1}{10}$ 的指数分布。

因为 $n=100$ 充分大，故由列维-林得伯格定理得组装 100 件产品需要 15～20h 的概率为

$$P\left\{15\times60\leqslant\sum_{k=1}^{100}X_k\leqslant20\times60\right\}=P\left\{\frac{900-100\times10}{\sqrt{100\times100}}\leqslant\frac{\sum_{k=1}^{100}X_k-100\times10}{\sqrt{100\times100}}\leqslant\frac{1200-100\times10}{\sqrt{100\times100}}\right\}$$

$$=P\left\{-1\leqslant\frac{\sum_{k=1}^{100}X_k-100\times10}{\sqrt{100\times100}}\leqslant2\right\}\approx\Phi(2)-\Phi(-1)=0.977\,25-(1-0.8413)=0.818\,55$$

例 5-3 将 n 个观测数据相加时，首先对每个数据取整(即取最接近于它的整数)，设所有的取整误差是相互独立的，且它们都在 $(-0.5,0.5)$ 内服从均匀分布。

(1) 若将1500 个观测数据相加，试求误差总和的绝对值大于 15 的概率；

(2) 最多多少个观测数据加在一起才能以 90%的概率使误差总和的绝对值不超过 10。

解 设 $X_k(k=1,2,\cdots,n)$ 是第 k 个观测数据的取整误差，则 $X_1,X_2,\cdots,X_n$ 独立且都在区间 $(-0.5,0.5)$ 内服从均匀分布，从而 $EX_k=0$，$DX_k=\frac{1}{12}$。

(1) 当 $n=1500$ 时，有

$$P\left\{\left|\sum_{k=1}^{150}X_k\right|>15\right\}=P\left\{\frac{\left|\sum_{k=1}^{150}X_k\right|}{\sqrt{1500/12}}>\frac{15}{\sqrt{1500/12}}\right\}$$

$$=P\left\{\left(\frac{\sum_{k=1}^{150}X_k}{\sqrt{150/12}}<-1.34\right)+\left(\frac{\sum_{k=1}^{150}X_k}{\sqrt{1500/12}}>1.34\right)\right\}$$

$$\approx[\Phi(-1.34)]+[1-\Phi(1.34)]=2\times[1-\Phi(1.34)]=0.180\,24$$

(2) 最多的观测数据个数 n 应满足

$$P\left\{\left|\sum_{k=1}^{n}X_k\right|\leqslant 10\right\}=P\left\{\frac{\left|\sum_{k=1}^{n}X_k\right|}{\sqrt{n/12}}\leqslant\frac{10}{\sqrt{n/12}}\right\}=P\left\{-\frac{10}{\sqrt{n/12}}\leqslant\frac{\sum_{k=1}^{n}X_k}{\sqrt{n/12}}\leqslant\frac{10}{\sqrt{n/12}}\right\}$$

$$=\Phi\left(\frac{10}{\sqrt{n/12}}\right)-\Phi\left(-\frac{10}{\sqrt{n/12}}\right)=2\Phi\left(\frac{10}{\sqrt{n/12}}\right)-1=0.9$$

从而 $\Phi\left(\frac{10}{\sqrt{n/12}}\right)=\frac{1.9}{2}=0.95$，查表得 $\frac{10}{\sqrt{n/12}}=1.645$，解得 $n\approx 443.45$。于是，当 $n\leqslant 443$ 时，才能以 90%的概率使误差总和的绝对值不超过 10。

棣莫弗-拉普拉斯(De Moivre-Laplace)定理：设 Y_n 是 n 重伯努利试验中事件 A 出现的次数，$P(A)=p$，即 $Y_n\sim B(n,p)$，则对于 $\forall x$，恒有

$$\lim_{n\to\infty}P\left\{\frac{Y_n-np}{\sqrt{np(1-p)}}\leqslant x\right\}=\frac{1}{\sqrt{2\pi}}\int_{-\infty}^{x}\mathrm{e}^{-\frac{t^2}{2}}\mathrm{d}t=\Phi(x)\tag{5-10}$$

证 设 $X_k(k=1,2,\cdots,n)$ 为第 k 次伯努利试验中事件 A 出现的次数，则 $X_1,X_2,\cdots,X_n$ 相互独立且都服从 $0-1$ 分布，于是 $EX_k=p$，$DX_k=p(1-p)\ (k=1,2,\cdots,n)$，$Y_n=\sum_{k=1}^{n}X_k$。对于 $\forall x$，由列维-林得伯格定理得

$$\lim_{n\to\infty}P\left\{\frac{\sum_{k=1}^{n}X_k-np}{\sqrt{np(1-p)}}\leqslant x\right\}=\lim_{n\to\infty}P\left\{\frac{Y_n-np}{\sqrt{np(1-p)}}\leqslant x\right\}=\Phi(x)$$

[注] 若 $Y_n\sim B(n,p)$，则当 n 非常大时近似有 $\frac{Y_n-np}{\sqrt{np(1-p)}}\sim N(0,1)$。

例 5-4 某保险公司接受了 10 000 辆电动自行车的保险，每辆车每年的保费为 12 元；若车丢失，车主得赔偿金 1000 元。假设车的丢失率为 0.006，对于此项业务，求保险公司

(1) 亏损的概率；

(2) 一年获利润不少于 40 000 元的概率。

解 设 X 为需要赔偿的车主人数，则 $X\sim B(10\,000,0.006)$，于是 $EX=np=60$，$DX=np(1-p)=59.64$。需要赔偿的金额为 $Y=0.1X$ (万元)，保费总收入 12 万元。由棣莫弗-拉普拉斯定理知：

(1) 保险公司亏损的概率为

$$P\{Y>12\}=P\{0.1X>12\}=P\{X>120\}=P\left\{\frac{X-60}{\sqrt{59.64}}>\frac{120-60}{\sqrt{59.64}}\right\}$$

$$=P\left\{\frac{X-60}{\sqrt{59.64}}>7.77\right\}\approx 1-\Phi(7.77)=0$$

(2) 保险公司一年利润不少于 4 万元的概率

$$P\{12-Y\geqslant 4\}=P\{Y\leqslant 8\}=P\{0.1X\leqslant 8\}=P\{X\leqslant 80\}$$

$$=P\left\{\frac{X-60}{\sqrt{59.64}}\leqslant\frac{80-60}{\sqrt{59.64}}\right\}\approx\Phi(2.59)=0.9952$$

小　　结

1. 大数定律

(1) 切比雪夫不等式：设随机变量 X 存在数学期望 EX 和方差 DX，则对于 $\forall\varepsilon>0$，有

① $P\{|X-EX|\geqslant\varepsilon\}\leqslant\dfrac{DX}{\varepsilon^2}$。

② $P\{|X-EX|<\varepsilon\}\geqslant 1-\dfrac{DX}{\varepsilon^2}$。

[注] 有时计算事件 $\{|X-EX|\geqslant\varepsilon\}$ 或 $\{|X-EX|<\varepsilon\}$ 的概率比较困难，这时可用切比雪夫不等式对上述事件的概率给予一个大致的估计。

(2) 切比雪夫大数定律：设随机变量 $X_1,X_2,\cdots$ 相互独立，均存在数学期望及方差，且 $DX_k<C(k=1,2,\cdots)$，则对于 $\forall\varepsilon>0$，恒有

$$\lim_{n\to\infty}P\left(\left|\frac{1}{n}\sum_{k=1}^{n}X_k-\frac{1}{n}\sum_{k=1}^{n}EX_k\right|<\varepsilon\right)=1$$

(3) 辛钦大数定律：若 $X_1,X_2,\cdots$ 相互独立且同分布，$EX_k=\mu(k=1,2,\cdots)$，则对于 $\forall\varepsilon>0$，恒有

$$\lim_{n\to\infty}P\left(\left|\frac{1}{n}\sum_{k=1}^{n}X_k-\mu\right|<\varepsilon\right)=1$$

(4) 伯努利大数定律：设 Y_n 是 n 重伯努利试验中事件 A 出现的次数，$P(A)=p$，即 $Y_n\sim B(n,\ p)$，则对于 $\forall\varepsilon>0$，恒有

$$\lim_{n\to\infty}P\left(\left|\frac{Y_n}{n}-p\right|<\varepsilon\right)=1$$

2. 中心极限定理

(1) 列维-林得伯格定理：设随机变量 $X_1,X_2,\cdots$ 相互独立且同分布，$E(X_k)=\mu$，$D(X_k)=\sigma^2\ (\sigma>0,\ k=1,2,\cdots)$，则对 $\forall x$，恒有

$$\lim_{n\to\infty}P\left\{\frac{\sum_{k=1}^{n}X_k-n\mu}{\sqrt{n}\sigma}\leqslant x\right\}=\lim_{n\to\infty}P\left\{\frac{\frac{1}{n}\sum_{k=1}^{n}X_k-\mu}{\frac{\sigma}{\sqrt{n}}}\leqslant x\right\}=\frac{1}{\sqrt{2\pi}}\int_{-\infty}^{x}\mathrm{e}^{-\frac{t^2}{2}}\mathrm{d}t=\Phi(x)$$

当 n 非常大时，近似有

① $Y_n=\dfrac{\frac{1}{n}\sum\limits_{k=1}^{n}X_k-\mu}{\frac{\sigma}{\sqrt{n}}}=\dfrac{\sum\limits_{k=1}^{n}X_k-n\mu}{\sqrt{n}\sigma}\sim N(0,1)$。

② $P(a\leqslant Y_n\leqslant b)=\Phi(b)-\Phi(a)$。

③ $\sum\limits_{k=1}^{n}X_k\sim N(n\mu,n\sigma^2)$。

(2) 棣莫弗-拉普拉斯定理：设 Y_n 是 n 重伯努利试验中事件 A 出现的次数，$P(A)=p$，即 $Y_n\sim B(n,p)$，则对于 $\forall x$，恒有

$$\lim_{n\to\infty}P\left\{\frac{Y_n-np}{\sqrt{np(1-p)}}\leqslant x\right\}=\frac{1}{\sqrt{2\pi}}\int_{-\infty}^{x}\mathrm{e}^{-\frac{t^2}{2}}\mathrm{d}t=\Phi(x)$$

若 $Y_n\sim B(n,p)$，则当 n 非常大时近似有 $\dfrac{Y_n-np}{\sqrt{np(1-p)}}\sim N(0,1)$。

阶梯化训练题

一、基础能力题

1. 设随机变量 X 的数学期望 $EX=\mu$，方差 $DX=\sigma^2$，证明事件 $\{|X-\mu|\geqslant 3\sigma\}$ 出现的概率不超过 $\dfrac{1}{9}$。

2. 设事件 A 出现的概率 $p=0.5$，试利用切比雪夫不等式估计在1000次独立重复试验中事件 A 出现的次数为450～550次的概率。

3. 设随机变量 X 和 Y 的数学期望都是2，方差分别为1和4，而相关系数为 $\rho=0.5$，证明 $P\{|X-Y|\geqslant 6\}\leqslant\dfrac{1}{12}$。

4. 设有30个电子器件 $D_1,D_2,\cdots,D_{30}$，它们的使用情况如下：D_1 损坏 D_2 立即使用，D_2 损坏 D_3 立即使用……又器件 D_k 的寿命(单位：小时) $T_k\sim E(0.1)(k=1,2,\cdots,30)$，记 T 为30个电子器件使用的总时间，求 T 超过350h的概率。

5. 某厂有400台同型机器，各台机器发生故障的概率均为0.02，假如各台机器相互独立工作，试求出现故障的机器不少于2台的概率。

6. 设试验成功的概率 $p=20\%$，现在将试验独立地重复进行100次，求试验成功的次数介于16～32次之间的概率。

二、综合提高题

1. 设总体 X 服从参数为2的指数分布，$X_1,X_2,\cdots,X_n$ 为相互独立且与 X 具有相同分布的随机变量，则当 $n\to\infty$ 时，$Y_n=\dfrac{1}{n}\sum\limits_{i=1}^{n}X_i^2$ 依概率收敛于(　　)。

2. 设 $X_1,X_2,\cdots,X_n,\cdots$ 为独立同分布的随机变量列，且均服从参数为 $\lambda(\lambda>1)$ 的指数分布，记 $\Phi(x)$ 为标准正态分布函数，则(　　)。

A. $\lim\limits_{n\to\infty}P\left\{\dfrac{\sum\limits_{i=1}^{n}X_i-n\lambda}{\lambda\sqrt{n}}\leqslant x\right\}=\Phi(x)$　　B. $\lim\limits_{n\to\infty}P\left\{\dfrac{\sum\limits_{i=1}^{n}X_i-n\lambda}{\sqrt{\lambda n}}\leqslant x\right\}=\Phi(x)$

C. $\lim\limits_{n\to\infty}P\left\{\dfrac{\lambda\sum\limits_{i=1}^{n}X_i-n}{\sqrt{n}}\leqslant x\right\}=\Phi(x)$　　D. $\lim\limits_{n\to\infty}P\left\{\dfrac{\sum\limits_{i=1}^{n}X_i-\lambda}{\sqrt{n\lambda}}\leqslant x\right\}=\Phi(x)$

3. 设随机变量$X_1,X_2,\cdots,X_n$相互独立，$S_n=X_1+X_2+\cdots+X_n$，则根据列维-林得伯格中心极限定理，当n充分大时，S_n近似服从正态分布，只要$X_1,X_2,\cdots,X_n$(　　)。

A. 有相同的数学期望　　B. 有相同的方差

C. 服从同一指数分布　　D. 服从同一离散型分布

4. 设$X_1,X_2,\cdots,X_n$为相互独立且与X具有相同分布的随机变量。已知$EX^k=a_k(k=1,2,3,4)$。证明：当n充分大时，随机变量$Z_n=\dfrac{1}{n}\sum\limits_{i=1}^{n}X_i^2$近似服从正态分布，并指出其分布参数。

5. 某保险公司多年的统计资料表明，在索赔户中被盗索赔户占20%。以X表示在随机抽查的100个索赔户中因被盗向保险公司索赔的户数。

(1) 写出X的概率分布；

(2) 利用棣莫弗-拉普拉斯定理求被盗索赔户不少于14户且不多于30户的概率的近似值。

6. 在天平上重复称量一重为a的物品。假设各次称量结果相互独立且同服从正态分布$N(a,0.2^2)$，若以$\overline{X}_n$表示n次称量结果的算术平均值，则为使

$$P\left\{\left|\overline{X}_n-a\right|<0.1\right\}\geqslant 0.95$$

n的最小值应小于自然数(　　)。

7. 一生产线生产的产品成箱包装，每箱的重量是随机的。假设每箱平均重50kg，标准差为5kg。若用最大载重量为5t的汽车承运，试利用中心极限定理说明每辆车最多可以装多少箱才能保证不超载的概率大于0.977。

第6章 样本分布

数理统计是数学的一个重要分支，它以概率论为理论基础，所研究的一个主要问题是：从一个集合中选取一部分元素，对这部分元素的某些数量指标进行测量，根据测量所获得的数据来推断该集合中全部元素的这些数量指标的分布情况。

6.1 总体、个体和样本

1. 总体与样本

在数理统计中，把要研究对象的全体称为总体，把组成总体的每一个元素称为个体。从总体中随机抽取若干个体组成的集合称为样本，样本中所含个体的数量称为样本容量。

一方面，人们关心的不是每个个体的种种具体特性，而仅仅是它的某一项或某几项数量指标以及该数量指标在总体中的分布情况。例如，在灯泡厂研究某批灯泡的质量时，质量好坏的标准是看灯泡的寿命指标，而寿命指标就可用一随机变量 X 表示，每一个灯泡的寿命就相当于随机变量 X 的一个取值，因此完全可以将总体与其对应的数量指标即随机变量等价对待。另一方面，为了研究这批灯泡的整体质量，可以从中抽取一样本，通过测量样本的寿命所得的数据来推断整批灯泡(总体)的质量。比如，从这批灯泡中随机抽取了 10 个灯泡，那么第一个灯泡在未测量前不知道这次测量会出现什么值，其寿命可以看成一随机变量 X_1，同样，第二个灯泡在未测量前也不知道这次测量会出现什么值，其寿命也可以看成一随机变量 X_2，于是，这 10 个灯泡构成的样本可以看成是一随机变量 $(X_1, X_2, \cdots, X_{10})$，测量后所得的一组值相当于随机变量 $(X_1, X_2, \cdots, X_{10})$ 的一次取值。

于是，总体可以看成是一随机变量 X，容量为 n 的样本可以看成是一 n 维随机变量 $(X_1, X_2, \cdots, X_n)$。若 $X_1, X_2, \cdots, X_n$ 相互独立，且其中每一个 $X_i (i = 1, 2, \cdots, n)$ (个体)都与 X (总体)同分布，则称 $(X_1, X_2, \cdots, X_n)$ 为总体 X 的简单样本。

那么怎样才能获得简单样本呢？方法很简单，只需按下面的方式进行抽取即可得到简单样本。

(1) 总体中每一个个体被抽到的机会均等；

(2) 每次抽取后总体成分不变。

本书中所提到的样本均指简单样本。

对于一次具体的样本抽取及测量，得到样本 $(X_1,X_2,\cdots,X_n)$ 的一组具体值 $(x_1,x_2,\cdots,x_n)$，称它为样本观测值。

2. 统计量

有了总体和样本的概念，能否直接利用样本来对总体进行推断呢？一般来说是不能的，需要针对所研究总体的具体数量指标，构造出与其相适应的样本函数，然后利用该样本函数对总体的该数量指标进行统计推断。如要研究一大批灯泡的平均寿命(总体的某数量指标)，可从中随机抽取 100 个灯泡(样本)，通过研究被抽取的 100 个灯泡的平均寿命(样本函数)来推断出这一大批灯泡的平均寿命。为此，需要介绍数理统计中的一个重要概念——统计量。

样本的不含未知参数的函数 $f(X_1,X_2,\cdots,X_n)$ 称为统计量；若 $(x_1,x_2,\cdots,x_n)$ 是样本 $(X_1,X_2,\cdots,X_n)$ 的观测值，则称 $f(x_1,x_2,\cdots,x_n)$ 为统计量 $f(X_1,X_2,\cdots,X_n)$ 的观测值。

设 $(X_1,X_2,\cdots,X_n)$ 是来自总体 X 的简单样本，$(x_1,x_2,\cdots,x_n)$ 是其样本观测值，定义表 6-1 所示的统计量及其观测值。

表 6-1　统计量及其观测值

统 计 量	统计量的观测值
样本均值 $\overline{X}=\frac{1}{n}\sum_{i=1}^{n}X_i$	样本均值的观测值 $\overline{x}=\frac{1}{n}\sum_{i=1}^{n}x_i$
样本方差 $S^2=\frac{1}{n-1}\sum_{i=1}^{n}(X_i-\overline{X})^2$	样本方差的观测值 $s^2=\frac{1}{n-1}\sum_{i=1}^{n}(x_i-\overline{x})^2$
样本标准差 $S=\sqrt{\frac{1}{n-1}\sum_{i=1}^{n}(X_i-\overline{X})^2}$	样本标准差的观测值 $s=\sqrt{\frac{1}{n-1}\sum_{i=1}^{n}(x_i-\overline{x})^2}$
样本 k 阶原点矩 $A_k=\frac{1}{n}\sum_{i=1}^{n}X_i^k$	样本 k 阶原点矩的观测值 $a_k=\frac{1}{n}\sum_{i=1}^{n}x_i^k$
样本 k 阶中心矩 $B_k=\frac{1}{n}\sum_{i=1}^{n}(X_i-\overline{X})^k$	样本 k 阶中心矩的观测值 $b_k=\frac{1}{n}\sum_{i=1}^{n}(x_i-\overline{x})^k$

例 6-1　从一大批灯泡中抽取 10 个灯泡，测其寿命如下(单位：h)：

1120　1050　1100　1080　1000　1120　1030　1250　1300　1400

求其样本均值的观测值及样本方差的观测值。

解　$\overline{x}=\frac{1}{2}\times(1120+1050+\cdots+1400)=1145$

$$s^2=\frac{1}{10-1}\times[(1120-1145)^2+(1050-1145)^2+\cdots+(1400-1145)^2]\approx 16\,761.11$$

6.2　常用统计量的分布

统计量是对总体分布或数字特征进行统计推断的最重要的基本概念，寻求统计量的分布为数理统计的基本问题之一。把统计量的分布称为抽样分布。然而，要求出一个统计量的精确分布是十分困难的。下面仅介绍几个常用的重要统计量分布。

1. χ^2 分布

χ^2 分布：设 $X_1, X_2, \cdots, X_n$ 相互独立，且 $X_i \sim N(0,1)$ $(i=1,2,\cdots,n)$，则称统计量

$$\chi^2 = \sum_{i=1}^{n} X_i^2 \tag{6-1}$$

服从自由度为 n 的 χ^2 分布，记作 $\chi^2 \sim \chi^2(n)$。

[注] 所谓自由度是指独立变量的个数，它是统计量分布中的一个重要参数。

图 6-1 所示为 χ^2 分布的密度函数图像。

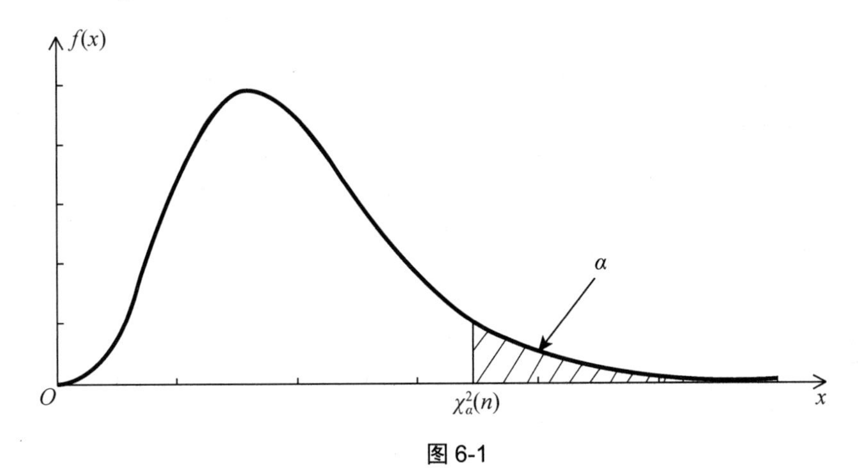

图 6-1

对 $\forall \alpha$ $(0<\alpha<1)$，称满足 $P\{\chi^2 > \chi_\alpha^2(n)\} = \alpha$ 的数 $\chi_\alpha^2(n)$ 为 χ^2 分布的右侧 α 分位点。

$\chi_\alpha^2(n)$ 的值与 α，n 有关，可通过查“χ^2 分布表”(见附录中附表 3)获取，如 $\chi_{0.05}^2(10) = 18.3\,07$。

2. t 分布

t 分布：设 X, Y 相互独立，且 $X \sim N(0,1)$，$Y \sim \chi^2(n)$，则称统计量

$$T = \frac{X}{\sqrt{Y/n}} \tag{6-2}$$

服从自由度为 n 的 t 分布，记作 $T \sim t(n)$。

图 6-2 所示为 t 分布的密度函数图像。

对 $\forall \alpha$ $(0<\alpha<1)$，称满足 $P\{|T| > t_\alpha(n)\} = \alpha$ 的数 $t_\alpha(n)$ 为 t 分布的双侧 α 分位点。

$t_\alpha(n)$ 的值也与 α，n 有关，可通过查“t 分布表”(见附录中附表 4)获取，如 $t_{0.05}(10) = 2.228$。

3. F 分布

F 分布：设 $X \sim \chi^2(n_1)$，$Y \sim \chi^2(n_2)$，且 X, Y 相互独立，则称统计量

$$F=\frac{X/n_1}{Y/n_2} \tag{6-3}$$

服从自由度为(n_1,n_2)的F分布，记作$F\sim F(n_1,n_2)$。

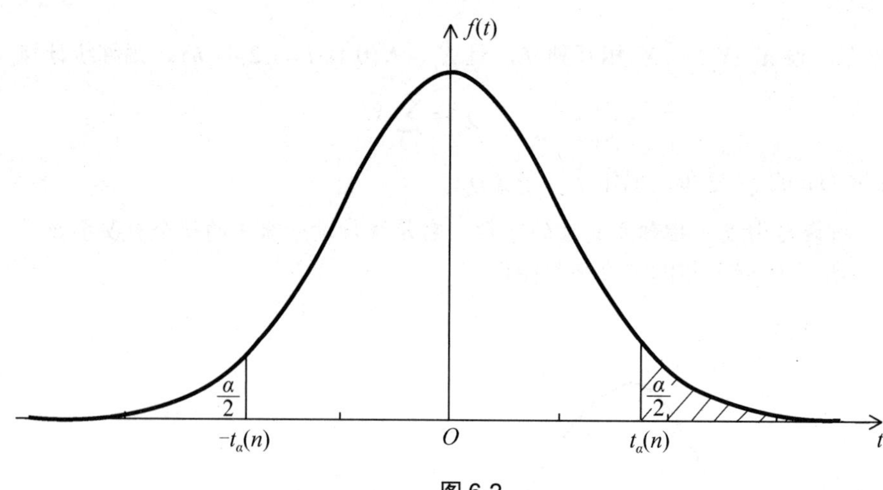

图 6-2

图6-3所示为F分布的密度函数图像。

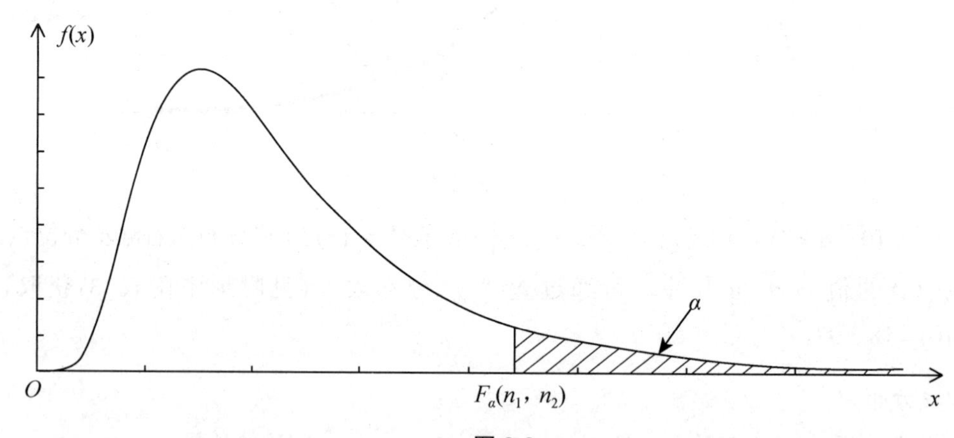

图 6-3

对$\forall\alpha\ (0<\alpha<1)$，称满足$P\{F>F_\alpha(n_1,n_2)\}=\alpha$的数$F_\alpha(n_1,n_2)$为$F$分布的右侧$\alpha$分位点。同样，$F_\alpha(n_1,n_2)$的值也可通过查“$F$分布表”(见附录中附表5)获取。

若$F\sim F(n_1,n_2)$，则：① $F_{1-\alpha}(n_1,n_2)=\dfrac{1}{F_\alpha(n_2,n_1)}$；② $\dfrac{1}{F}\sim F(n_2,n_1)$。

4. 正态总体下统计量分布的性质

定理 6-1 设$X_1,X_2,\cdots,X_n$相互独立，且$X_i\sim N(\mu_i,\sigma_i^2)\ (i=1,2,\cdots,n)$，则

$$\eta=\sum_{i=1}^{n}a_iX_i\sim N\left(\sum_{i=1}^{n}a_i\mu_i,\sum_{i=1}^{n}a_i^2\sigma_i^2\right) \tag{6-4}$$

推论 设$(X_1,X_2,\cdots,X_n)$是来自正态总体$N(\mu,\sigma^2)$的样本，则

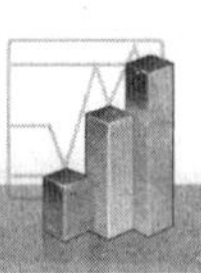

(1)
$$\overline{X} \sim N\left(\mu, \frac{\sigma^2}{n}\right) \tag{6-5}$$

(2)
$$\frac{\overline{X}-\mu}{\dfrac{\sigma}{\sqrt{n}}} \sim N(0,1) \tag{6-6}$$

定理 6-2 设 $(X_1, X_2, \cdots, X_n)$ 为来自正态总体 $N(\mu, \sigma^2)$ 的一个样本，则：

(1) $\overline{X}$ 与 S^2 独立。

(2)
$$\frac{\overline{X}-\mu}{\dfrac{S}{\sqrt{n}}} \sim t(n-1) \tag{6-7}$$

(3)
$$\frac{(n-1)S^2}{\sigma^2} = \frac{1}{\sigma^2}\sum_{i=1}^{n}(X_i - \overline{X})^2 \sim \chi^2(n-1) \tag{6-8}$$

例 6-2 设 $(X_1, X_2, \cdots, X_{10})$ 为总体 $N(0, 0.3^2)$ 的一个样本，求 $P\left\{\sum_{k=1}^{10} X_k^2 > 1.44\right\}$。

解 因为 $(X_1, X_2, \cdots, X_{10})$ 为总体 $N(0, 0.3^2)$ 的一个样本，则由正态分布的性质可知 $\frac{X_k}{0.3} \sim N(0,1)(k=1,2,\cdots,10)$，从而 $\sum_{k=1}^{10}\frac{X_k^2}{0.3^2} \sim \chi^2(10)$，于是

$$P\left\{\sum_{k=1}^{10} X_k^2 > 1.44\right\} = P\left\{\sum_{k=1}^{10}\frac{X_k^2}{0.3^2} > \frac{1.44^2}{0.09}\right\} = P\left\{\chi^2 > 16\right\} = 0.1$$

[注] $P\left\{\chi^2 > 16\right\} = 0.1$ 是查表所得。这里 $n = 10$，$\chi_\alpha^2(10) = 16$，查表得 $\alpha = 0.1$。

例 6-3 从一正态总体中抽取容量为 10 的一个样本，若样本均值与总体均值之差的绝对值在 4 以上的概率为 2%，试求总体的标准差。

解 设 $(X_1, X_2, \cdots, X_{10})$ 是总体 $N(\mu, \sigma^2)$ 的一个样本，则 $\frac{\overline{X}-\mu}{\sigma/\sqrt{10}} \sim N(0,1)$。由 $P\left\{\left|\overline{X}-\mu\right| > 4\right\} = 0.02$，得

$$P\left\{\left|\frac{\overline{X}-\mu}{\sigma/\sqrt{10}}\right| > \frac{4\sqrt{10}}{\sigma}\right\} = P\left\{\left(\frac{\overline{X}-\mu}{\sigma/\sqrt{10}} < -\frac{4\sqrt{10}}{\sigma}\right) + \left(\frac{\overline{X}-\mu}{\sigma/\sqrt{10}} > \frac{4\sqrt{10}}{\sigma}\right)\right\}$$

$$= \Phi\left(-\frac{4\sqrt{10}}{\sigma}\right) + \left[1 - \Phi\left(\frac{4\sqrt{10}}{\sigma}\right)\right] = 2\left[1 - \Phi\left(\frac{4\sqrt{10}}{\sigma}\right)\right] = 0.02$$

从而 $\Phi\left(\frac{4\sqrt{10}}{\sigma}\right) = 0.99$，查表得 $\frac{4\sqrt{10}}{\sigma} = 2.33$，于是 $\sigma = \frac{4\sqrt{10}}{2.33} = 5.43$。

例 6-4 设 $X \sim N(0, 2^2)$，而 $(X_1, X_2, \cdots, X_{15})$ 为来自总体 X 的简单样本，求随机变量 $Y = \frac{X_1^2 + \cdots + X_{10}^2}{2(X_{11}^2 + \cdots + X_{15}^2)}$ 所服从的分布。

解 因 $X_k \sim N(0, 2^2)$，则 $\frac{X_k}{2} \sim N(0,1)$，从而 $\frac{X_1^2 + \cdots + X_{10}^2}{4} \sim \chi^2(10)$，

$\frac{X_{11}^2+\cdots+X_{15}^2}{4}\sim\chi^2(5)$，于是

$$\frac{\frac{(X_1^2+\cdots+X_{10}^2)/4}{10}}{\frac{(X_{11}^2+\cdots+X_{15}^2)/4}{5}}=\frac{X_1^2+\cdots+X_{10}^2}{2(X_{11}^2+\cdots+X_{15}^2)}\sim F(10,5)$$

小　　结

1. 总体与样本

(1) 总体：称所研究对象的全体为总体，用随机变量 X 表示。

个体：组成总体的每一个元素称为个体，用随机变量 X_i 表示。

样本：从总体中随机抽取的一部分个体称为样本，用多维随机变量 $(X_1,X_2,\cdots,X_n)$ 表示。

样本容量：样本中所含个体的数量称为样本容量。

样本观测值：对于样本 $(X_1,X_2,\cdots,X_n)$ 一次具体的样本抽取及测量，得到一组具体值 $(x_1,x_2,\cdots,x_n)$，称它为样本观测值。

(2) 简单样本：若总体 X 的样本 $(X_1,X_2,\cdots,X_n)$ 满足：① $X_1,X_2,\cdots,X_n$ 相互独立；②每一个 X_i $(i=1,2,\cdots,n)$ 都与总体 X 同分布，则称 $(X_1,X_2,\cdots,X_n)$ 为总体 X 的简单随机样本。

2. 样本的概率分布

(1) 离散型：若总体 X 的概率分布是 $P\{X=x\}=p(x)$，则样本 $(X_1,X_2,\cdots,X_n)$ 的联合概率分布是

$$P\{X_1=x_1,X_2=x_2,\cdots,X_n=x_n\}=p(x_1)p(x_2)\cdots p(x_n)$$

(2) 连续型：若总体 $X\sim f(x)$，则样本 $(X_1,X_2,\cdots,X_n)$ 的联合概率密度是

$$f(x_1,x_2,\cdots,x_n)=f(x_1)f(x_2)\cdots f(x_n)$$

3. 统计量

(1) 统计量：样本的不含未知参数的函数 $f(X_1,X_2,\cdots,X_n)$ 称为统计量。

(2) 常用统计量。

样本均值：　$\overline{X}=\frac{1}{n}\sum_{i=1}^{n}X_i$

样本方差：　$S^2=\frac{1}{n-1}\sum_{i=1}^{n}(X_i-\overline{X})^2$

样本标准差：　$S=\sqrt{\frac{1}{n-1}\sum_{i=1}^{n}(X_i-\overline{X})^2}$

样本 k 阶原点矩：　$A_k=\frac{1}{n}\sum_{i=1}^{n}X_i^k$

样本 k 阶中心矩：　$B_k=\frac{1}{n}\sum_{i=1}^{n}(X_i-\overline{X})^k$

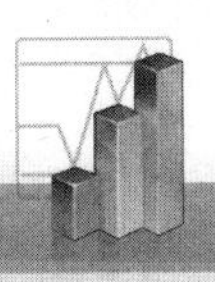

4. χ^2 分布

(1) χ^2 分布：设 $X_1,X_2,\cdots,X_n$ 相互独立，且 $X_i \sim N(0,1)\ (i=1,2,\cdots,n)$，则称统计量 $\chi^2=\sum_{i=1}^{n}X_i^2$ 服从自由度为 n 的 χ^2 分布，记作 $\chi^2 \sim \chi^2(n)$。

(2) 数字特征：若 $\chi^2 \sim \chi^2(n)$，则 $E\chi^2=n$，$D\chi^2=2n$。

(3) 性质：若 $X \sim \chi^2(n)$，$Y \sim \chi^2(m)$，且 X,Y 相互独立，则 $X+Y \sim \chi^2(n+m)$。

(4) 分位点：对 $\forall\alpha\ (0<\alpha<1)$，称满足 $P\left\{\chi^2>\chi_\alpha^2(n)\right\}=\alpha$ 的数 $\chi_\alpha^2(n)$ 为 χ^2 分布的右侧 α 分位点。

5. t 分布

(1) t 分布：设 X,Y 相互独立，且 $X \sim N(0,1)$，$Y \sim \chi^2(n)$，则称统计量 $T=\dfrac{X}{\sqrt{Y/n}}$ 服从自由度为 n 的 t 分布，记作 $T \sim t(n)$。

(2) 数字特征：若 $T \sim t(n)$，则 $ET=0$，$DT=\dfrac{n}{n-2}\ (n>2)$。

(3) 性质：当 n 很大时，t 分布可以近似看作标准正态分布。

(4) 分位点：对 $\forall\alpha\ (0<\alpha<1)$，称满足 $P\left\{|T|>t_\alpha(n)\right\}=\alpha$ 的数 $t_\alpha(n)$ 为 t 分布的双侧 α 分位点。

6. F 分布

(1) F 分布：设 $X \sim \chi^2(n_1)$，$Y \sim \chi^2(n_2)$，且 X,Y 相互独立，则称统计量 $F=\dfrac{X/n_1}{Y/n_2}$ 服从自由度为 (n_1,n_2) 的 F 分布，记作 $F \sim F(n_1,n_2)$。

(2) 性质：若 $F \sim F(n_1,n_2)$，则：① $F_{1-\alpha}(n_1,n_2)=\dfrac{1}{F_\alpha(n_2,n_1)}$；② $\dfrac{1}{F} \sim F(n_2,n_1)$。

(3) 分位点：对 $\forall\alpha\ (0<\alpha<1)$，称满足 $P\left\{F>F_\alpha(n_1,n_2)\right\}=\alpha$ 的数 $F_\alpha(n_1,n_2)$ 为 F 分布的右侧 α 分位点。

7. 正态总体下统计量分布的性质

(1) 服从正态分布的随机变量的非零线性组合的分布。

设 $X_1,X_2,\cdots,X_n$ 相互独立，且 $X_i \sim N(\mu_i,\sigma_i^2)\ (i=1,2,\cdots,n)$，则

$$\eta=\sum_{i=1}^{n}a_iX_i \sim N\left(\sum_{i=1}^{n}a_i\mu_i,\sum_{i=1}^{n}a_i^2\sigma_i^2\right)$$

(2) 正态总体的样本均值与样本方差的分布。

设 $(X_1,X_2,\cdots,X_n)$ 是来自正态总体 $X \sim N(\mu,\sigma^2)$ 的简单样本，则：

① $\bar{X} \sim N\left(\mu,\dfrac{\sigma^2}{n}\right)$。

② $\dfrac{\bar{X}-\mu}{\dfrac{\sigma}{\sqrt{n}}} \sim N(0,1)$。

③ $\overline{X}$ 与 S^2 独立。

④ $\dfrac{\overline{X}-\mu}{\dfrac{S}{\sqrt{n}}} \sim t(n-1)$。

⑤ $\dfrac{1}{\sigma^2}\sum_{i=1}^{n}(X_i-\mu)^2 \sim \chi^2(n)$。

⑥ $\dfrac{(n-1)S^2}{\sigma^2}=\dfrac{1}{\sigma^2}\sum_{i=1}^{n}(X_i-\overline{X})^2 \sim \chi^2(n-1)$。

阶梯化训练题

一、基础能力题

1. 若 $U \sim N(0,1)$，且 $P\{|U|<c\}=0.95$，求 c 的值。

2. 若 $T \sim t(10)$，且 $P\{|T|<c\}=0.95$，求 c 的值。

3. 若 $\chi^2 \sim \chi^2(10)$，且 $P\{a<\chi^2<b\}=0.95$，$P\{\chi^2 \leqslant a\}=P\{\chi^2 \geqslant b\}$，求 a,b 的值。

4. 设 $(X_1,X_2,\cdots,X_n)$ 为来自总体 $X \sim N(0,\sigma^2)$ 的样本，且随机变量 $Y=c\left(\sum_{i=1}^{n}X_i\right)^2 \sim \chi^2(1)$，求常数 c。

5. 设 (X_1,X_2) 为来自正态总体 $X \sim N(\mu,\sigma^2)$ 的样本，证明 X_1-X_2 与 X_1+X_2 不相关。

6. 设总体 $X \sim N(72,100)$，为使样本均值大于 70 的概率不小于 0.95，问：样本容量至少应取多大？

二、综合提高题

1. 设 X_1,X_2,X_3,X_4 是来自正态总体 $N(0,2^2)$ 的简单随机样本。$X=a(X_1-2X_2)^2+b(3X_3-4X_4)^2$，则当 $a=($　　$)$，$b=($　　$)$ 时，统计量 X 服从 χ^2 分布，其自由度为(　　)。

2. 设随机变量 X 和 Y 相互独立且都服从正态分布 $N(0,3^2)$，而 $X_1,X_2,\cdots,X_9$ 和 $Y_1,Y_2,\cdots,Y_9$ 分别是来自总体 X 和 Y 的简单随机样本，则统计量 $U=\dfrac{X_1+\cdots+X_9}{\sqrt{Y_1^2+\cdots+Y_9^2}}$ 服从(　　)分布，参数为(　　)。

3. 设 $X_1,X_2,\cdots,X_9$ 是来自正态总体 X 的简单随机样本，记

$$Y_1=\frac{1}{6}(X_1+\cdots+X_6),\quad Y_2=\frac{1}{3}(X_7+X_8+X_9)$$

$$S^2=\frac{1}{2}\sum_{i=7}^{9}\left(X_i-Y_2\right)^2,\quad Z=\frac{\sqrt{2}(Y_1-Y_2)}{S}$$

证明统计量 Z 服从自由度为 2 的 t 分布。

4. 设随机变量 X 和 Y 都服从标准正态分布，则(　　)。

A. $X+Y$ 服从正态分布　　　　B. X^2+Y^2 服从 χ^2 分布

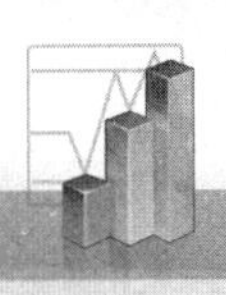

C. X^2和Y^2都服从χ^2分布　　　　D. $\dfrac{X^2}{Y^2}$服从F分布

5. 设随机变量$X \sim t(n)\ (n>1)$，$Y=\dfrac{1}{X^2}$，则(　　)。

A. $Y \sim \chi^2(n)$　　　　B. $Y \sim \chi^2(n-1)$

C. $Y \sim F(n,1)$　　　　D. $Y \sim F(1,n)$

6. 设$X_1,X_2,\cdots,X_n(n>2)$为来自总体$N(0,\sigma^2)$的简单随机样本，其样本均值为$\overline{X}$。记$Y_i = X_i - \overline{X}(i=1,2,\cdots,n)$。

(1) 求Y_i的方差$DY_i(i=1,2,\cdots,n)$；

(2) 求Y_1与Y_n的协方差$\text{Cov}(Y_1,Y_n)$；

(3) 若$Ec(Y_1+Y_n)^2=\sigma^2$，求常数c。

第7章 参数估计

7.1 点估计

设总体 X 的分布形式是已知的，但它的一个或多个参数是未知的，借助总体 X 的样本构造的统计量来估计未知参数值的问题称为参数的点估计。

定义 7-1 设 $(X_1, X_2, \cdots, X_n)$ 是来自总体 X 的简单样本，若用某个样本函数即统计量 $\hat{\theta} = \hat{\theta}(X_1, X_2, \cdots, X_n)$ 来估计总体 X 分布中某未知参数 θ，则称 $\hat{\theta}$ 为 θ 的估计量，其估计量的观察值 $\hat{\theta}(X_1, X_2, \cdots, X_n)$ 称为 θ 的估计值。

对于总体分布中的未知参数，怎样寻找其估计量呢？下面介绍两种常用的构造估计量的方法：矩估计法和最大似然估计法。

1. 矩估计法

所谓矩估计法，就是用样本的各阶原点矩来估计总体相同阶数的原点矩，从而建立估计量应满足的方程组，解方程组求得未知参数估计量的方法。

具体地：令

$$(\text{样本}\,k\,\text{阶原点矩})\ A_k = \frac{1}{n}\sum_{i=1}^{n} X_i^k = E(X^k)\ (\text{总体}\,k\,\text{阶原点矩})(k = 1, 2, \cdots, n) \tag{7-1}$$

解方程组得总体中未知参数的估计量及估计值。方程组中方程的个数 n 与总体分布中未知参数的个数相同。

例 7-1 设 $(X_1, X_2, \cdots, X_n)$ 是来自总体 X 的简单样本，总体 X 的概率分布为

X	-1	0	2
P	2θ	θ	$1-3\theta$

其中 $0 < \theta < \frac{1}{3}$。试求未知参数 θ 的矩估计量。

解 若令 $\bar{X} = \frac{1}{n}\sum_{k=1}^{n} X_k = EX = (-1)\times 2\theta + 0\times\theta + 2(1-3\theta) = 2 - 8\theta$，可解得未知参数 θ

的矩估计量为

$$\hat{\theta}=\frac{1}{8}(2-\overline{X})$$

例 7-2 设总体 X 的概率密度为

$$f(x,\theta)=\begin{cases}\mathrm{e}^{-(x-\theta)}, & x\geqslant\theta\\ 0, & x<\theta\end{cases}$$

$(X_1,X_2,\cdots,X_n)$ 是来自总体 X 的简单样本，求未知参数 θ 的矩估计量。

解 若令

$$\begin{aligned}\overline{X}=\frac{1}{n}\sum_{k=1}^{n}X_k=EX&=\int_{-\infty}^{+\infty}xf\left(x,\theta\right)\mathrm{d}x=\int_{\theta}^{+\infty}x\mathrm{e}^{-(x-\theta)}\mathrm{d}x=-\int_{\theta}^{+\infty}x\mathrm{d}\mathrm{e}^{-(x-\theta)}\\&=-\left[x\mathrm{e}^{-(x-\theta)}\Big|_{\theta}^{+\infty}-\int_{\theta}^{+\infty}\mathrm{e}^{-(x-\theta)}\mathrm{d}x\right]=\theta+1\end{aligned}$$

可解得 θ 的矩估计量为

$$\hat{\theta}=\overline{X}-1$$

2. 最大似然估计法

连续型：若总体 $X\sim f(x,\theta)$，其中 θ 为未知参数，则总体 X 的样本 $(X_1,X_2,\cdots,X_n)$ 的概率密度函数为 $\prod\limits_{i=1}^{n}f(x_i,\theta)$。

离散型：若总体 $X\sim P\{X=x,\theta\}$，其中 θ 为未知参数，则总体 X 的样本 $(X_1,X_2,\cdots,X_n)$ 的概率分布为 $\prod\limits_{i=1}^{n}P\{X=x_i,\theta\}$。

又设 $(x_1,x_2,\cdots,x_n)$ 为样本 $(X_1,X_2,\cdots,X_n)$ 的观测值，则称未知参数 θ 的函数

$$L(\theta)=\prod_{i=1}^{n}f(x_i,\theta)\left(\text{或}L(\theta)=\prod_{i=1}^{n}P\{X=x_i,\theta\}\right)\tag{7-2}$$

为样本的似然函数，简记为 L。

最大似然估计法的思想：如果在一次抽样中，样本 $(X_1,X_2,\cdots,X_n)$ 的观测值 $(x_1,x_2,\cdots,x_n)$ 出现，则认为样本 $(X_1,X_2,\cdots,X_n)$ 取值 $(x_1,x_2,\cdots,x_n)$ 的可能性最大，于是样本 $(X_1,X_2,\cdots,X_n)$ 的似然函数(密度函数) $L(\theta)=\prod\limits_{i=1}^{n}f(x,\theta)\left(\text{或}L(\theta)=\prod\limits_{i=1}^{n}P\{X=x_i,\theta\}\right)$ 在观测值 $(x_1,x_2,\cdots,x_n)$ 处应取最大值。使似然函数 L 取最大值的 $\hat{\theta}(x_1,x_2,\cdots,x_n)$ 可作为未知参数 θ 的估计值，称 $\hat{\theta}$ 为 θ 的最大似然估计。

由于 $L(\theta)$ 与 $\ln L(\theta)$ 的最大值点相同，于是为了简化计算，通常将求 $L(\theta)$ 的最大值点问题转化为求 $\ln L(\theta)$ 的最大值点问题。

例 7-3 设总体 X 的概率分布为

X	0	1	2	3
P	θ^2	$2\theta(1-\theta)$	θ^2	$1-2\theta$

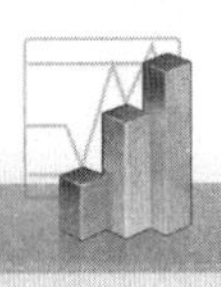

其中$\theta\left(0<\theta<\dfrac{1}{2}\right)$是未知参数，利用总体$X$的如下取值：

$$3, 1, 3, 0, 3, 1, 2, 3$$

求：(1) θ的矩估计值；

(2) θ的最大似然估计值。

解 (1) 由X的具体取值得$\overline{x}=\dfrac{1}{8}(3+1+3+0+3+1+2+3)=2$，若令

$$\overline{x}=EX=0\times\theta^2+1\times 2\theta(1-\theta)+2\times\theta^2+3\times(1-2\theta)=3-4\theta$$

可解得θ的矩估计值为

$$\hat{\theta}=\frac{1}{4}(3-\overline{x})=\frac{1}{4}$$

(2) 样本似然函数为

$$\begin{aligned}L(\theta)&=P\{X=3\}\cdot P\{X=1\}\cdot P\{X=3\}\cdot P\{X=0\}\cdot P\{X=3\}\cdot P\{X=1\}\cdot P\{X=2\}\cdot P\{X=3\}\\&=(1-2\theta)2\theta(1-\theta)(1-2\theta)\theta^2(1-2\theta)2\theta(1-\theta)\theta^2(1-2\theta)\\&=4\theta^6(1-\theta)^2(1-2\theta)^4\end{aligned}$$

则$\ln L(\theta)=\ln 4+6\ln\theta+2\ln(1-\theta)+4\ln(1-2\theta)$，当$0<\theta<\dfrac{1}{2}$时，令

$$\frac{\mathrm{d}\ln L(\theta)}{\mathrm{d}\theta}=\frac{6}{\theta}-\frac{2}{1-\theta}-\frac{8}{1-2\theta}=\frac{24\theta^2-28\theta+6}{\theta(1-\theta)(1-2\theta)}=0$$

可解得θ的最大似然估计值为

$$\hat{\theta}=\frac{7-\sqrt{13}}{12}$$

例 7-4 设总体X的密度函数为

$$f(x)=\begin{cases}\lambda a x^{a-1}\mathrm{e}^{-\lambda x^a}, & x>0\\ 0, & x\leqslant 0\end{cases}\quad(\lambda>0,\ a>0)$$

根据取自总体X的样本$(X_1,X_2,\cdots,X_n)$，求未知参数λ的最大似然估计量与估计值。

解 设$(x_1,x_2,\cdots,x_n)$是$(X_1,X_2,\cdots,X_n)$的一组观测值，则似然函数为

$$L(\lambda)=\prod_{i=1}^{n}f(x_i,\lambda)=\lambda^n a^n \mathrm{e}^{-\lambda\sum\limits_{i=1}^{n}x_i^a}\prod_{i=1}^{n}x_i^{a-1}$$

从而$\ln L(\lambda)=n\ln\lambda+n\ln a-\lambda\sum\limits_{i=1}^{n}x_i^a+\ln\prod\limits_{i=1}^{n}x_i^a$。若令

$$\frac{\mathrm{d}\ln L(\lambda)}{\mathrm{d}\lambda}=\frac{n}{\lambda}-\sum_{i=1}^{n}x_i^a=0$$

可解得λ的最大似然估计量为$\hat{\lambda}=\dfrac{n}{\sum\limits_{i=1}^{n}X_i^a}$，估计值为$\hat{\lambda}=\dfrac{n}{\sum\limits_{i=1}^{n}x_i^a}$。

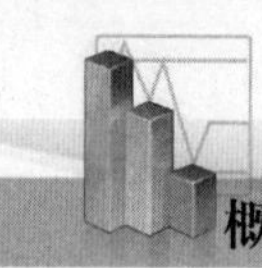

7.2 估计量的优劣标准

1. 无偏估计

定义 7-2 设$\hat{\theta}=\hat{\theta}(X_1,X_2,\cdots,X_n)$为未知参数$\theta$的估计量，若

$$E\hat{\theta}=\theta \tag{7-3}$$

则称$\hat{\theta}$为θ的无偏估计量。

[注] $\hat{\theta}$为θ的无偏估计量的含义是：用估计量$\hat{\theta}$估计θ，无系统偏差，即$\hat{\theta}$的概率加权平均值恰好等于θ。

例 7-5 设$(X_1,X_2,\cdots,X_n)$是总体X的一个样本，证明样本均值$\overline{X}=\frac{1}{n}\sum_{i=1}^{n}X_i$是总体数学期望$EX$的无偏估计，样本方差$S^2=\frac{1}{n-1}\sum_{i=1}^{n}\left(X_i-\overline{X}\right)^2$是总体方差$DX$的无偏估计。

证 由于$(X_1,X_2,\cdots,X_n)$是总体X的一个样本，则$X_1,X_2,\cdots,X_n$相互独立且与X同分布，从而$EX_i=EX$，$DX_i=DX\ (i=1,2,\cdots,n)$，于是

$$E\overline{X}=E\left(\frac{1}{n}\sum_{i=1}^{n}X_i\right)=\frac{1}{n}\sum_{i=1}^{n}EX_i=\frac{1}{n}\sum_{i=1}^{n}EX=\frac{1}{n}nEX=EX$$

$$D\overline{X}=D\left(\frac{1}{n}\sum_{i=1}^{n}X_i\right)=\frac{1}{n^2}\sum_{i=1}^{n}DX_i=\frac{1}{n^2}\sum_{i=1}^{n}DX=\frac{1}{n^2}nDX=\frac{DX}{n}$$

$$\begin{aligned}
ES^2&=E\left[\frac{1}{n-1}\sum_{i=1}^{n}(X_i-\overline{X})^2\right]=E\left\{\frac{1}{n-1}\sum_{i=1}^{n}[(X_i-EX)-(\overline{X}-EX)]^2\right\}\\
&=\frac{1}{n-1}E\left\{\sum_{i=1}^{n}[(X_i-EX)^2-2(X_i-EX)(\overline{X}-EX)+(\overline{X}-EX)^2]\right\}\\
&=\frac{1}{n-1}\left\{\sum_{i=1}^{n}E(X_i-EX)^2-2E\left[(\overline{X}-EX)\sum_{i=1}^{n}(X_i-EX)\right]+E\left[\sum_{i=1}^{n}(\overline{X}-EX)^2\right]\right\}\\
&=\frac{1}{n-1}\left[\sum_{i=1}^{n}DX_i-2nE(\overline{X}-EX)^2+nE(\overline{X}-EX)^2\right]\\
&=\frac{1}{n-1}\left[\sum_{i=1}^{n}DX-nE(\overline{X}-E\overline{X})^2\right]\\
&=\frac{1}{n-1}(nDX-nD\overline{X})\\
&=\frac{1}{n-1}\left(nDX-n\frac{1}{n}DX\right)\\
&=DX
\end{aligned}$$

例 7-6 设$(X_1,X_2,\cdots,X_n)$是来自二项分布总体$B(n,p)$的简单样本，$\overline{X}$和S^2为样本均值和样本方差，记统计量$T=\overline{X}-S^2$，求ET。

解 $ET=E(\overline{X}-S^2)=E\overline{X}-ES^2=np-np(1-p)=np^2$

例 7-7 设总体X服从正态分布$N(\mu_1,\sigma^2)$，总体Y服从正态分布$N(\mu_2,\sigma^2)$，

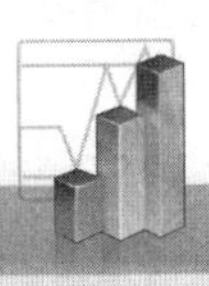

$(X_1,X_2,\cdots,X_{n_1})$ 和 $(Y_1,Y_2,\cdots,Y_{n_2})$ 分别是来自总体 X 和 Y 的简单样本，计算

$$E\left[\frac{\sum_{i=1}^{n_1}(X_i-\overline{X})^2+\sum_{j=1}^{n_2}(Y_j-\overline{Y})^2}{n_1+n_2-2}\right]$$

解 由于样本方差是总体方差的无偏估计，则

$$\begin{aligned}E\left[\frac{\sum_{i=1}^{n_1}(X_i-\overline{X})^2+\sum_{j=1}^{n_2}(Y_j-\overline{Y})^2}{n_1+n_2-2}\right]&=\frac{1}{n_1+n_2-2}\left[E\frac{n_1-1}{n_1-1}\sum_{i=1}^{n_1}(X_i-\overline{X})^2+E\frac{n_2-1}{n_2-1}\sum_{j=1}^{n_2}(Y_j-\overline{Y})^2\right]\\&=\frac{1}{n_1+n_2-2}[(n_1-1)\sigma^2+(n_2-1)\sigma^2]\\&=\sigma^2\end{aligned}$$

2. 有效估计

定义 7-3 设 $\hat{\theta}_1=\hat{\theta}_1(X_1,X_2,\cdots,X_n)$ 和 $\hat{\theta}_2=\hat{\theta}_2(X_1,X_2,\cdots,X_n)$ 是未知参数 θ 的两个无偏估计量，若

$$D\hat{\theta}_1<D\hat{\theta}_2 \tag{7-4}$$

则称估计量 $\hat{\theta}_1$ 比 $\hat{\theta}_2$ 更有效。如果在 θ 的所有无偏估计量中 $\hat{\theta}$ 的方差最小，则称 $\hat{\theta}$ 为 θ 的有效估计量。

[注] *在未知参数 θ 的无偏估计量中，方差越小越好。*

3. 一致估计

定义 7-4 设 $\hat{\theta}=\hat{\theta}(X_1,X_2,\cdots,X_n)$ 是 θ 的估计量，如果对于 $\forall\varepsilon>0$，有

$$\lim_{n\to\infty}P\{|\hat{\theta}-\theta|<\varepsilon\}=1 \tag{7-5}$$

则称 $\hat{\theta}$ 为 θ 的一致估计量。

例 7-8 设总体 X 在 $(0,\theta)$ 上服从均匀分布，$(X_1,X_2,\cdots,X_n)$ 为取自 X 的样本，求 θ 的矩估计量 $\hat{\theta}$，并讨论其无偏性和一致性。

解 由于 $X\sim U(0,\theta)$，则若令 $\overline{X}=E(X)=\dfrac{\theta}{2}$，可解得 θ 的矩估计量 $\hat{\theta}=2\overline{X}$。又因为 $E(\hat{\theta})=E(2\overline{X})=2\times\dfrac{\theta}{2}=\theta$，所以 $\hat{\theta}$ 是 θ 的无偏估计。

由 $D(\hat{\theta})=D(2\overline{X})=4D\left(\dfrac{1}{n}\sum_{i=1}^{n}X_i\right)=\dfrac{4}{n^2}\sum_{i=1}^{n}D(X_i)=\dfrac{4}{n^2}\cdot n\cdot\dfrac{\theta^2}{12}=\dfrac{\theta^2}{3n}$，利用切比雪夫不等式得，对于 $\forall\varepsilon>0$，有

$$1\geqslant\lim_{n\to\infty}P\{|\hat{\theta}-\theta|<\varepsilon\}\geqslant\lim_{n\to\infty}\left[1-\frac{D\hat{\theta}}{\varepsilon^2}\right]=\lim_{n\to\infty}\left[1-\frac{\hat{\theta}}{3n\varepsilon^2}\right]=1$$

所以 $\hat{\theta}$ 是 θ 的一致估计。

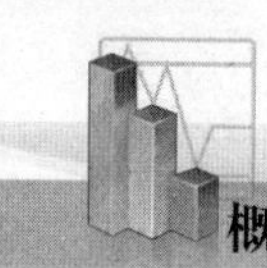

7.3 区间估计

1. 置信区间和置信度

定义 7-5 设θ为总体X分布中的未知参数。如果我们从样本$(X_1,X_2,\cdots,X_n)$出发，找出两个统计量$\theta_1=\theta_1(X_1,X_2,\cdots,X_n)$与$\theta_2=\theta_2(X_1,X_2,\cdots,X_n)$ $(\theta_1<\theta_2)$，使得对于$\forall\alpha\ (0<\alpha<1)$，满足

$$P\{\theta_1<\theta<\theta_2\}=1-\alpha \tag{7-6}$$

则称区间(θ_1,θ_2)为θ的置信区间，θ_1与θ_2分别称为置信下限与置信上限，$1-\alpha$为置信度(或置信水平)。

2. 单正态总体的期望值和方差的区间估计

下面假定$(X_1,X_2,\cdots,X_n)$为总体$X\sim N(\mu,\sigma^2)$的一个样本。

(1) 已知方差$\sigma^2=\sigma_0^2$，求期望值μ的置信区间。

因 $U=\dfrac{\overline{X}-\mu}{\dfrac{\sigma_0}{\sqrt{n}}}\sim N(0,1)$，若令

$$P\{|U|<u_\alpha\}=P\left\{\overline{X}-\frac{\sigma_0}{\sqrt{n}}u_\alpha<\mu<\overline{X}+\frac{\sigma_0}{\sqrt{n}}u_\alpha\right\}=1-\alpha$$

则得μ的置信区间为

$$\left(\overline{X}-\frac{\sigma_0}{\sqrt{n}}u_\alpha,\overline{X}+\frac{\sigma_0}{\sqrt{n}}u_\alpha\right) \tag{7-7}$$

[注] u_α的求法：因 $U=\dfrac{\overline{X}-\mu}{\dfrac{\sigma_0}{\sqrt{n}}}\sim N(0,1)$，若令

$$P\left\{|U|<u_\alpha\right\}=P\left\{-u_\alpha<U<u_\alpha\right\}=2\Phi(u_\alpha-1)=1-\alpha$$

则$\Phi(u_\alpha)=1-\dfrac{\alpha}{2}$，查标准正态分布函数表可得$u_\alpha$。

例 7-9 某灯泡厂某天生产了一大批灯泡，从中抽取 10 个进行寿命测验，得数据(单位：h)如下：

1050　1100　1080　1120　1200　1250　1040　1130　1300　1200

若已知该批灯泡的寿命$X\sim N(\mu,8)$，试以95%的置信度估计这批灯泡平均寿命的范围。

解 由上面给定数据得$\overline{x}=\dfrac{1}{10}\times(1050+1100+\cdots+1200)=1147$，又由$1-\alpha=0.95$，得$\alpha=0.05$，再由$\Phi(u_{0.05})=1-\dfrac{0.05}{2}=0.975$，查表得$u_{0.05}=1.96$，于是这批灯泡平均寿命$EX=\mu$的范围是

$$\left(\bar{x}-\frac{\sigma_0}{\sqrt{n}}u_\alpha,\bar{x}+\frac{\sigma_0}{\sqrt{n}}u_\alpha\right)=\left(1147-\frac{\sqrt{8}}{\sqrt{10}}\times1.96,\ 1147+\frac{\sqrt{8}}{\sqrt{10}}\times1.96\right)=(1145.25,1148.75)$$

即这批灯泡的平均寿命有95%的可能落在区间(1145.25,1148.75)内。

(2) 未知方差σ^2，求期望值μ的置信区间。

因 $T=\dfrac{\overline{X}-\mu}{\dfrac{S}{\sqrt{n}}}\sim t(n-1)$，若令

$$P\{|T|<t_\alpha(n-1)\}=P\left\{\overline{X}-\frac{S}{\sqrt{n}}t_\alpha(n-1)<\mu<\overline{X}+\frac{S}{\sqrt{n}}t_\alpha(n-1)\right\}=1-\alpha$$

则得μ的置信区间为

$$\left(\overline{X}-\frac{S}{\sqrt{n}}t_\alpha(n-1),\overline{X}+\frac{S}{\sqrt{n}}t_\alpha(n-1)\right)\tag{7-8}$$

例 7-10 人的身高服从正态分布，从初一女生中随机抽取6名，测得其身高(单位：cm)如下：

149　158.5　152.5　165　157　142

试以95%的置信水平求初一女生平均身高的置信区间。

解 由上面给定数据得

$$\bar{x}=\frac{1}{6}\times(149+158.5+\cdots142)=154$$

$$S^2=\frac{1}{5}\times[(149-154)^2+(158.5-154)^2+\cdots+(142-154)^2]=64.3，\quad S=\sqrt{S^2}=\sqrt{64.3}\approx8.02$$

又由$1-\alpha=0.95$，得$\alpha=0.05$，查表得$t_{0.05}(5)=2.571$，于是初一女生平均身高$EX=\mu$的置信区间为

$$\left(\bar{x}-\frac{S}{\sqrt{n}}t_\alpha(n-1),\bar{x}+\frac{S}{\sqrt{n}}t_\alpha(n-1)\right)=\left(154-\frac{8.02}{\sqrt{6}}\times2.571,154+\frac{8.02}{\sqrt{6}}\times2.571\right)=(145.6,162.4)$$

(3) 未知期望值μ，求方差σ^2的置信区间。

因$\chi^2=\dfrac{(n-1)S^2}{\sigma^2}\sim\chi^2(n-1)$，若$P\left\{a<\chi^2<b\right\}=1-\alpha$，则可令$P\{\chi^2<a\}=P\{\chi^2>b\}=\dfrac{a}{2}$，得 $b=\chi^2_{\frac{\alpha}{2}}(n-1)$，又由 $P\left\{\chi^2<a\right\}=1-P\left\{\chi^2>a\right\}=\dfrac{\alpha}{2}$，$P\left\{\chi^2>a\right\}=1-\dfrac{\alpha}{2}$，得 $a=\chi^2_{1-\frac{\alpha}{2}}(n-1)$，于是

$$P\left\{\chi^2_{1-\frac{\alpha}{2}}(n-1)<\chi^2<\chi^2_{\frac{\alpha}{2}}(n-1)\right\}=P\left\{\frac{(n-1)S^2}{\chi^2_{\frac{\alpha}{2}}(n-1)}<\sigma^2<\frac{(n-1)S^2}{\chi^2_{1-\frac{\alpha}{2}}(n-1)}\right\}=1-\alpha$$

求得σ^2的置信区间为

$$\frac{(n-1)S^2}{\chi^2_{\frac{\alpha}{2}}(n-1)},\frac{(n-1)S^2}{\chi^2_{1-\frac{\alpha}{2}}(n-1)}\tag{7-9}$$

例 7-11 为了确定某批次溶液中的甲醛浓度 X，取样得 4 个独立测试值的平均值 $\overline{x}=8.34\%$，样本标准差 $S=0.03\%$。已知 X 服从正态分布，求 X 的方差 σ^2 的置信区间（$\alpha=0.05$）。

解 由于 $\chi^2_{\frac{\alpha}{2}}(n-1)=\chi^2_{0.025}(3)=9.35$，$\chi^2_{1-\frac{\alpha}{2}}(n-1)=\chi^2_{0.975}(3)=0.216$，于是方差 σ^2 的置信区间为

$$\left(\frac{(n-1)S^2}{\chi^2_{\frac{\alpha}{2}}(n-1)},\frac{(n-1)S^2}{\chi^2_{1-\frac{\alpha}{2}}(n-1)}\right)=\left(\frac{3\times 0.0009}{9.35},\frac{3\times 0.0009}{0.216}\right)=(0.000\,29,0.0125)$$

小　　结

1．点估计

(1) 估计量：设 $(X_1,X_2,\cdots,X_n)$ 是来自总体 X 的简单样本，若用某个样本函数即统计量 $\hat{\theta}=\hat{\theta}(X_1,X_2,\cdots,X_n)$ 来估计总体 X 分布中某未知参数 θ，则称 $\hat{\theta}$ 为 θ 的估计量，其估计量的观察值 $\hat{\theta}(x_1,x_2,\cdots,x_n)$ 称为 θ 的估计值。

(2) 矩估计法：所谓矩估计法就是用样本矩来估计相应的总体矩，从而建立估计量应满足的方程组，解方程组求得未知参数估计量的方法。

具体地：令

(样本 k 阶原点矩) $A_k=\frac{1}{n}\sum\limits_{i=1}^{n}X_i^k=E(X^k)$ (总体 k 阶原点矩，$k=1,2,\cdots,n$) 或(样本 k 阶中心矩) $B_k=\frac{1}{n}\sum\limits_{i=1}^{n}(X_i-\overline{X})^k=E(X-EX)^k$ (总体 k 阶中心矩，$k=1,2,\cdots,n$)，解方程组得总体中未知参数的估计量及估计值。方程组中方程的个数 n 与总体分布中未知参数的个数相同。

(3) 最大似然估计法。

连续型：若总体 $X\sim f(x,\theta)$，其中 θ 为未知参数，则总体 X 的样本 $(X_1,X_2,\cdots,X_n)$ 的概率密度函数为 $\prod\limits_{i=1}^{n}f(x_i,\theta)$。

离散型：若总体 $X\sim P\{X=x,\theta\}$，其中 θ 为未知参数，则总体 X 的样本 $(X_1,X_2,\cdots,X_n)$ 的概率分布为 $\prod\limits_{i=1}^{n}P\{X=x_i,\theta\}$。

又设 $(x_1,x_2,\cdots,x_n)$ 为样本 $(X_1,X_2,\cdots,X_n)$ 的观测值，则称未知参数 θ 的函数

$$L(\theta)=\prod_{i=1}^{n}f(x_i,\theta)\left(\text{或}L(\theta)=\prod_{i=1}^{n}P\{X=x_i,\theta\}\right)$$

为样本的似然函数，简记为 L。

最大似然估计法的思想：如果在一次抽样中，样本 $(X_1,X_2,\cdots,X_n)$ 的观测值 $(x_1,x_2,\cdots,x_n)$ 出现，则认为样本 $(X_1,X_2,\cdots,X_n)$ 取值 $(x_1,x_2,\cdots,x_n)$ 的可能性最大，于是样本 $(X_1,X_2,\cdots,X_n)$ 的似然函数(密度函数) $L(\theta)=\prod\limits_{i=1}^{n}f(x_i,\theta)\left(\text{或}L(\theta)=\prod\limits_{i=1}^{n}P\{X=x_i,\theta\}\right)$ 在观测

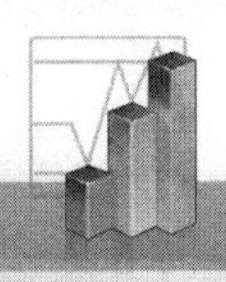

值 $(x_1,x_2,\cdots,x_n)$ 处应取最大值。使似然函数 L 取最大值的 $\hat{\theta}(x_1,x_2,\cdots,x_n)$ 可作为未知参数 θ 的估计值，称 $\hat{\theta}$ 为 θ 的最大似然估计。

由于 $L(\theta)$ 与 $\ln L(\theta)$ 的最大值点相同，于是为了简化计算，通常将求 $L(\theta)$ 的最大值点问题转化为求 $\ln L(\theta)$ 的最大值点问题。

2. 估计量的优劣标准

(1) 无偏估计：设 $\hat{\theta}=\hat{\theta}(X_1,X_2,\cdots,X_n)$ 为未知参数 θ 的估计量，若

$$E\hat{\theta}=\theta$$

则称 $\hat{\theta}$ 为 θ 的无偏估计量。

$\hat{\theta}$ 为 θ 的无偏估计量的含义是：用估计量 $\hat{\theta}$ 估计 θ，无系统偏差，即 $\hat{\theta}$ 的概率加权平均值恰好等于 θ。设 $(x_1,x_2,\cdots,x_n)$ 是总体 X 的一个样本，样本均值 $\bar{X}=\dfrac{1}{n}\sum_{i=1}^{n}X_i$ 是其总体数学期望 EX 的无偏估计，样本方差 $S^2=\dfrac{1}{n-1}\sum_{i=1}^{n}(X_i-\bar{X})^2$ 是其总体方差 DX 的无偏估计。

(2) 有效估计：设 $\hat{\theta}_1=\hat{\theta}_1(X_1,X_2,\cdots,X_n)$ 和 $\hat{\theta}_2=\hat{\theta}_2(X_1,X_2,\cdots,X_n)$ 是未知参数 θ 的两个无偏估计量，若

$$D\hat{\theta}_1<D\hat{\theta}_2$$

则称估计量 $\hat{\theta}_1$ 比 $\hat{\theta}_2$ 更有效。如果在 θ 的所有无偏估计量中 $\hat{\theta}$ 的方差最小，则称 $\hat{\theta}$ 为 θ 的有效估计量。

在未知参数 θ 的无偏估计量中，方差越小越好。

(3) 一致估计：设 $\hat{\theta}=\hat{\theta}(X_1,X_2,\cdots,X_n)$ 是 θ 的估计量，如果对于 $\forall\varepsilon>0$，有

$$\lim_{n\to\infty}P\left\{|\hat{\theta}-\theta|<\varepsilon\right\}=1$$

则称 $\hat{\theta}$ 为 θ 的一致估计量。

3. 区间估计

(1) 置信区间和置信度：设 θ 为总体 X 分布中的未知参数，如果存在统计量 $\theta_1=\theta_1(X_1,X_2,\cdots,X_n)$ 与 $\theta_2=\theta_2(X_1,X_2,\cdots,X_n)$ $(\theta_1<\theta_2)$，使得对于 $\forall\alpha$ $(0<\alpha<1)$，满足

$$P\{\theta_1<\theta<\theta_2\}=1-\alpha$$

则称区间 (θ_1,θ_2) 为 θ 的置信区间，θ_1与θ_2 分别称为置信下限与置信上限，$1-\alpha$ 为置信度(或置信水平)。

(2) 单正态总体的期望值和方差的区间估计。

假定 $(X_1,X_2,\cdots,X_n)$ 为总体 $X\sim N(\mu,\sigma^2)$ 的一个样本。

① 若已知方差 $\sigma^2=\sigma_0^2$，则期望值 μ 的置信区间为

$$\left(\bar{X}-\frac{\sigma_0}{\sqrt{n}}u_\alpha,\bar{X}+\frac{\sigma_0}{\sqrt{n}}u_\alpha\right)$$

u_α 可通过关系式 $\varPhi(u_\alpha)=1-\dfrac{\alpha}{2}$，查标准正态分布函数表获得。

② 若未知方差σ^2，则得μ的置信区间为

$$\left(\overline{X}-\frac{S}{\sqrt{n}}t_{\alpha}(n-1),\overline{X}+\frac{S}{\sqrt{n}}t_{\alpha}(n-1)\right)$$

③ 若已知期望值μ，则得σ^2的置信区间为

$$\left(\frac{\sum_{i=1}^{n}(X_i-\mu)^2}{\chi_{\frac{\alpha}{2}}^2(n)},\frac{\sum_{i=1}^{n}(X_i-\mu)^2}{\chi_{1-\frac{\alpha}{2}}^2(n)}\right)$$

④ 若未知期望值μ，则得σ^2的置信区间是

$$\left(\frac{(n-1)S^2}{\chi_{\frac{\alpha}{2}}^2(n-1)},\frac{(n-1)S^2}{\chi_{1-\frac{\alpha}{2}}^2(n-1)}\right)$$

阶梯化训练题

一、基础能力题

1. 设总体X服从参数为λ的泊松分布，$(X_1,X_2,\cdots,X_n)$为其样本，试求λ的矩估计量和最大似然估计量。

2. 设$(X_1,X_2,\cdots,X_n)$为来自总体$X\sim N(\mu,\sigma^2)$的样本，用最大似然估计法估计参数μ，σ^2。

3. 设(X_1,X_2)为来自正态总体$X\sim N(\mu,\sigma^2)$的样本，若$CX_1+\frac{1}{1999}X_2$为μ的一个无偏估计，求常数C。

4. 设$(X_1,X_2,\cdots,X_n)$为来自总体$X\sim N(\mu,\sigma^2)$的样本，a,b为常数，且$0<a<b$，求随机区间$\left[\sum_{i=1}^{n}\frac{(X_i-\mu)^2}{b},\sum_{i=1}^{n}\frac{(X_i-\mu)^2}{a}\right]$的长度$L$的数学期望。

5. 设$(X_1,X_2,\cdots,X_n)$是取自总体X的样本，$a_i>0$，$\sum_{i=1}^{n}a_i=1$，证明：

(1) $\sum_{i=1}^{n}a_iX_i$为EX的无偏估计；

(2) 在上述所有无偏估计中，$\overline{X}=\frac{1}{n}\sum_{i=1}^{n}X_i$最有效。

6. 设由来自正态总体$N(\mu,0.9^2)$容量为9的简单样本得样本均值$\overline{x}=5$，求未知参数μ的置信度为0.95的置信区间。

7. 假设新生男婴的体重服从正态分布，随机抽取12名新生男婴，测其体重(单位：g)为

3100　2520　3000　3000　3600　3160　3560　3320　2880　2600　3400　2540

试以95%的置信水平估计新生男婴的平均体重所在范围。

8. 设某产品的性能指标$X\sim N(\mu,\sigma^2)$，现随机抽取20个产品进行检测，检测后经计

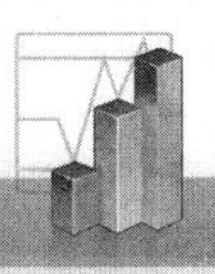

算得这些产品的性能指标样本均值$\bar{x}=5.21$，样本方差$S^2=0.049$，试求X的方差σ^2的置信度为0.95的置信区间。

二、综合提高题

1. 设总体X的概率密度为

$$f(x)=\begin{cases}(\theta+1)x^{\theta}, 0<x<1\\ 0, \quad 其他\end{cases}$$

其中$\theta>-1$是未知参数，$X_1,X_2,\cdots,X_n$是来自总体X的一个容量为n的简单随机样本，试分别用矩估计法和最大似然估计法求θ的估计量。

2. 设总体X的分布函数为

$$F(x,\alpha,\beta)=\begin{cases}1-\left(\dfrac{\alpha}{x}\right)^{\beta}, & x>\alpha\\ 0, & x\leqslant\alpha\end{cases}$$

其中参数$\alpha>0$，$\beta>1$。设$(X_1,X_2,\cdots,X_n)$为来自总体X的简单随机样本。

(1) 当$\alpha=1$时，求未知参数β的矩估计量;

(2) 当$\alpha=1$时，求未知参数β的最大似然估计量;

(3) 当$\beta=2$时，求未知参数α的最大似然估计量。

3. 设总体X的概率密度为

$$f(x,\theta)=\begin{cases}\theta, & 0<x<1\\ 1-\theta, & 1\leqslant x<2\\ 0, & 其他\end{cases}$$

其中θ是未知参数$(0<\theta<1)$，$(X_1,X_2,\cdots,X_n)$为来自总体X的简单随机样本。记N为样本值$x_1,x_2,\cdots,x_n$中小于1的个数，求:

(1) θ的矩估计;

(2) θ的最大似然估计。

4. 设总体X的概率密度为

$$f(x,\theta)=\begin{cases}\dfrac{1}{2\theta}, & 0<x<\theta\\ \dfrac{1}{2(1-\theta)}, & \theta\leqslant x<1\\ 0, & 其他\end{cases}$$

其中参数$\theta(0<\theta<1)$未知，$(X_1,X_2,\cdots,X_n)$是来自总体X的简单随机样本，$\overline{X}$是样本均值。

(1) 求参数θ的矩估计量$\hat{\theta}$;

(2) 判断$4\overline{X}^2$是否为θ^2的无偏估计量，并说明理由。

5. 设总体$X\sim f(x)=\begin{cases}\dfrac{6x}{\theta^3}(\theta-x), 0<x<\theta\\ 0, \quad 其他\end{cases}$，$(X_1,X_2,\cdots,X_n)$是取自总体$X$的简单随机样本。

(1) 求θ的矩估计量$\hat{\theta}$；

(2) 求$\hat{\theta}$的方差$D\hat{\theta}$；

(3) 讨论$\hat{\theta}$的无偏性和一致性。

6. 设(X_1, X_2)是取自总体$N(\mu,1)$(μ未知)的一个样本，试证明下列三个估计量都是μ的无偏估计量，并确定最有效的一个：

$$\hat{\mu}_1 = \frac{2}{3}X_1 + \frac{1}{3}X_2$$

$$\hat{\mu}_2 = \frac{1}{4}X_1 + \frac{3}{4}X_2$$

$$\hat{\mu}_3 = \frac{1}{2}X_1 + \frac{1}{2}X_2$$

7. 设总体X的方差为1，根据来自X的容量为100的简单随机样本测得样本均值为5，求X的数学期望的置信度近似等于0.95的置信区间。

8. 设由来自正态总体$X \sim N(\mu, 0.9^2)$容量为9的简单随机样本测得样本均值$\overline{X}=5$，求未知参数μ的置信度为0.95的置信区间。

9. 设(0.50, 1.25, 0.80, 2.00)是来自总体X的简单随机样本值，已知$Y=\ln X$服从正态分布$N(\mu,1)$。

(1) 求X的数学期望EX(记EX为b)；

(2) 求μ的置信度为0.95的置信区间；

(3) 利用上述结果求b的置信度为0.95的置信区间。

10. 随机地取某种炮弹9发作试验，测得炮口速度的样本标准差$S=11$(米/秒)。设炮口速度X服从$N(\mu,\sigma^2)$，求这种炮弹的炮口速度的标准差σ的95%的置信区间。

第8章 假设检验

8.1 基本原理

假设检验的基本原理是概率很小的事件在一次试验中可以认为基本上不会出现，即认为一次试验中小概率事件不会出现。为了检验一个假设H_0是否成立，先假定H_0是成立的。如果已经出现的一个样本与这个假定导致了一个小概率事件出现，则拒绝接受假设H_0；如果由此没有导致小概率事件出现，则接受假设H_0。至于多小的概率算小概率，在检验前都是指定好的，如5%，1%等，一般记作α，称其为显著性水平。

8.2 单正态总体的假设检验

1．若已知$\sigma^2=\sigma_0^2$，待检验假设H_0：$\mu=\mu_0$

由定理6-1的推论可得统计量 $U=\dfrac{\overline{X}-\mu_0}{\sigma_0/\sqrt{n}}\sim N(0,1)$。作小概率事件$\{|U|\geqslant u_\alpha\}$，并令$P\{|U|\geqslant u_\alpha\}=\alpha$(显著性水平为$\alpha$，一般取很小的数)。

若U的观测值u满足：

(1) $|U|\geqslant u_\alpha$，则小概率事件$\{|U|\geqslant u_\alpha\}$出现，拒绝接受假设$H_0$；

(2) $|U|<u_\alpha$，则小概率事件$\{|U|\geqslant u_\alpha\}$没有出现，接受假设$H_0$。

[注] u_α的求法：由于

$$P\{|U|\geqslant u_\alpha\}=P\{U\leqslant u_\alpha,U\geqslant u_\alpha\}=P\{U\leqslant -u_\alpha\}+P\{U\geqslant u_\alpha\}=2[1-\Phi(u_\alpha)]=\alpha$$

可得$\Phi(u_\alpha)=1-\dfrac{\alpha}{2}$，查标准正态分布函数表可得$u_\alpha$。

例 8-1 根据长期经验和资料的分析，某砖瓦厂生产的砖抗断强度X服从正态分布$N(\mu,1.21)$。从该厂产品中随机抽取6块，测得抗断强度(单位：kg/cm^2)如下：

32.56　　29.66　　31.64　　30.00　　31.87　　31.03

试检验这批砖的平均抗断强度为32.50kg/cm^{2}是否成立($\alpha=0.05$)。

解 已知$\sigma^2=1.21$，待检验的假设是H_0：$\mu=32.50$。

由题中所给数据得

$$\overline{x}=\frac{1}{6}\times(32.56+29.66+31.64+30.00+31.87+31.03)=31.13$$

又由$\Phi(u_{0.05})=1-\dfrac{0.05}{2}=0.975$，查表得$u_{0.05}=1.96$，于是

$$|u|=\left|\frac{\overline{x}-\mu}{\sigma/\sqrt{n}}\right|=\left|\frac{31.13-32.50}{1.1/\sqrt{6}}\right|\approx 3.05>1.96=u_{0.05}$$

因此拒绝假设H_0：$\mu=32.50$，即不能认为这批砖的平均抗断强度是32.50kg/cm^2。

2．未知σ^2，待检验假设H_0：$\mu=\mu_0$

由定理 6-2 得统计量$T=\dfrac{\overline{X}-\mu_0}{S/\sqrt{n}}\sim t(n-1)$。作小概率事件$\{|T|\geqslant t_\alpha(n-1)\}$，并令$P\{|T|\geqslant t_\alpha(n-1)\}=\alpha$。

若T的观测值t满足：

(1) $|t|\geqslant t_\alpha(n-1)$，则小概率事件$\{|T|\geqslant t_\alpha(n-1)\}$出现，拒绝接受$H_0$；

(2) $|t|<t_\alpha(n-1)$，则小概率事件$\{|T|\geqslant t_\alpha(n-1)\}$没有出现，接受$H_0$。

例 8-2 对某种袋装食品的质量管理标准规定：每袋平均净重 500g。现在从待出厂的一批这种袋装食品中随意抽取了 14 袋，测量每袋的净重，得如下数据：

500.90	490.01	501.63	500.73	515.87	511.85	498.39
514.23	487.96	525.01	509.37	509.43	488.46	497.15

假设这种袋装食品每袋的重量X服从正态分布$N(\mu,\sigma^2)$，试在显著性水平$\alpha=0.1$下检验这一批袋装食品每袋平均净重μ是否符合标准。

解 未知σ^2，待检验的假设H_0：$\mu=500$。

由题中所给数据得样本容量为$n=14$，$\overline{x}=503.64$，$s=11.11$，于是

$$|t|=\left|\frac{\overline{x}-\mu}{s/\sqrt{n}}\right|=\left|\frac{503.64-500}{11.11/\sqrt{14}}\right|=1.23<1.771=t_{0.1}(13)$$

故抽验结果表明，在显著性水平$\alpha=0.1$下可以接受假设H_0：$\mu=500$。

3. 已知μ，待检验假设H_0：$\sigma=\sigma^2$

由定理 6-2 得统计量$W'=\dfrac{1}{\sigma_0^2}\sum\limits_{i=1}^{n}(X_i-\mu)^2\sim\chi^2(n-1)$。作小概率事件$\left\{W'\leqslant\chi^2_{1-\frac{\alpha}{2}}(n)\right\}$，$\left\{W'\geqslant\chi^2_{\frac{\alpha}{2}}(n)\right\}$，并且令

$$P\left\{W'\leqslant\chi^2_{1-\frac{\alpha}{2}}(n)\right\}=P\left\{W'\geqslant\chi^2_{\frac{\alpha}{2}}(n)\right\}=\frac{\alpha}{2}$$

记统计量$W'=\dfrac{1}{\sigma_0^2}\sum\limits_{i=1}^{n}(X_i-\mu)^2$的观测值为$w'$，若观测值$w'$满足：

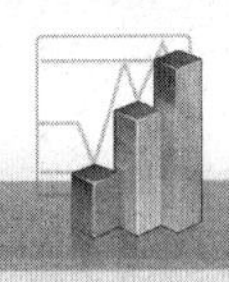

(1) $w' \leqslant \chi^2_{1-\frac{\alpha}{2}}(n)$ 或 $w' \geqslant \chi^2_{\frac{\alpha}{2}}(n)$，则小概率事件 $\left\{W' \leqslant \chi^2_{1-\frac{\alpha}{2}}(n)\right\}$ 或 $\left\{W' \geqslant \chi^2_{\frac{\alpha}{2}}(n)\right\}$ 出现，拒绝接受 H_0；

(2) $\chi^2_{1-\frac{\alpha}{2}}(n) < w' < \chi^2_{\frac{\alpha}{2}}(n)$，则小概率事件 $\left\{W' \leqslant \chi^2_{1-\frac{\alpha}{2}}(n)\right\}$ 或 $\left\{W' \geqslant \chi^2_{\frac{\alpha}{2}}(n)\right\}$ 没有出现，接受 H_0。

4．未知 μ，待检验假设 H_0：$\sigma = \sigma_0$

由定理 6-2 得统计量 $W = \dfrac{(n-1)S^2}{\sigma_0^2} \sim \chi^2(n-1)$。作小概率事件 $\left\{W \leqslant \chi^2_{1-\frac{\alpha}{2}}(n-1)\right\}$，$\left\{W \geqslant \chi^2_{\frac{\alpha}{2}}(n-1)\right\}$，并且令

$$P\left\{W \leqslant \chi^2_{1-\frac{\alpha}{2}}(n-1)\right\} = P\left\{W \geqslant \chi^2_{\frac{\alpha}{2}}(n-1)\right\} = \frac{\alpha}{2}$$

记统计量 $W = \dfrac{(n-1)S^2}{\sigma_0^2}$ 的观测值为 w，若观测值 w 满足：

(1) $w \leqslant \chi^2_{1-\frac{\alpha}{2}}(n-1)$ 或 $w \geqslant \chi^2_{\frac{\alpha}{2}}(n-1)$，则小概率事件 $\left\{W \leqslant \chi^2_{1-\frac{\alpha}{2}}(n-1)\right\}$ 或 $\left\{W \geqslant \chi^2_{\frac{\alpha}{2}}(n-1)\right\}$ 出现，拒绝接受 H_0；

(2) $\chi^2_{1-\frac{\alpha}{2}}(n-1) < w' < \chi^2_{\frac{\alpha}{2}}(n-1)$，则小概率事件 $\left\{W \leqslant \chi^2_{1-\frac{\alpha}{2}}(n-1)\right\}$ 或 $\left\{W \geqslant \chi^2_{\frac{\alpha}{2}}(n-1)\right\}$ 没有出现，接受 H_0。

假设检验理论是建立在随机样本及显著性水平 α 基础上的，所以对所得结论并不能保证绝对正确，而只能以较大的概率保证其可靠性。

小　　结

1. 假设检验的基本原理

概率很小的事件在一次试验中可以认为基本上不会出现，即认为一次试验中小概率事件不会出现。为了检验一个假设 H_0 是否成立，先假定 H_0 是成立的。如果已经出现的一个样本与这个假定导致了一个小概率事件出现，则拒绝接受假设 H_0；如果由此没有导致小概率事件出现，则接受假设 H_0。那么多小的概率是小概率呢？这要根据具体实际问题要求而定。规定一个可以接受的很小的数 $\alpha(0 < \alpha < 1)$，当事件的概率小于这个数 α，就称这个事件为小概率事件，数 α 称为显著性水平。

2．单正态总体的假设检验

(1) 若已知 $\sigma^2 = \sigma_0^2$，待检验假设 H_0：$\mu = \mu_0$。

若$U=\dfrac{\overline{X}-\mu_0}{\sigma_0/\sqrt{n}}$的观测值$u$满足：

① $|u|\geqslant u_\alpha$，则小概率事件$\{|U|\geqslant u_\alpha\}$出现，拒绝接受假设$H_0$；

② $|u|<u_\alpha$，则小概率事件$\{|U|\geqslant u_\alpha\}$没有出现，接受假设$H_0$。

(2) 未知σ^2，待检验假设H_0：$\mu=\mu_0$。

若$T=\dfrac{\overline{X}-\mu_0}{S/\sqrt{n}}$的观测值$t$满足：

① $|t|\geqslant t_\alpha(n-1)$，则小概率事件$\{|T|\geqslant t_\alpha(n-1)\}$出现，拒绝接受$H_0$；

② $|t|<t_\alpha(n-1)$，则小概率事件$\{|T|\geqslant t_\alpha(n-1)\}$没有出现，接受$H_0$。

(3) 已知μ，待检验假设H_0：$\mu=\mu_0$。

若统计量$W'=\dfrac{1}{\sigma_0^2}\sum\limits_{i=1}^{n}(X_i-\mu)^2$的观测值$w'$满足：

① $w'\leqslant\chi^2_{1-\frac{\alpha}{2}}(n)$或$w'\geqslant\chi^2_{\frac{\alpha}{2}}(n)$，则拒绝接受$H_0$；

② $\chi^2_{1-\frac{\alpha}{2}}(n)<w'<\chi^2_{\frac{\alpha}{2}}(n)$，则接受$H_0$。

(4) 未知μ，待检验假设H_0：$\sigma=\sigma_0$。

若统计量$W=\dfrac{(n-1)S^2}{\sigma_0^2}$的观测值$w$满足：

① $w\leqslant\chi^2_{1-\frac{\alpha}{2}}(n-1)$或$w\geqslant\chi^2_{\frac{\alpha}{2}}(n-1)$，则拒绝接受$H_0$；

② $\chi^2_{1-\frac{\alpha}{2}}(n-1)<w<\chi^2_{\frac{\alpha}{2}}(n-1)$，则接受$H_0$。

阶梯化训练题

一、基础能力题

1. 假定总体$X\sim N(\mu,1)$，关于总体X的数学期望μ的假设H_0：$\mu=0$；基于来自总体X的容量为9的简单随机样本，得样本均值$\overline{x}=1.38$。问：在显著性水平为$\alpha=0.05$的情况下，能否接受假设H_0？

2. 一自动车床加工零件的长度服从正态分布$N(\mu,\sigma^2)$，车床正常工作时加工零件长度均值为10.5，经过一段时间的生产后，要检验一下车床是否工作正常，为此随机抽取该车床加工的零件31个，算得均值为11.08，标准差为0.516。设加工零件长度的方差不变，问：是否可以认为此车床工作正常($\alpha=0.05$)?

3. 设用过去的铸造方法，零件强度服从正态分布$N(\mu,\sigma^2)$，其标准差为1.6(kg/mm²)。为了降低成本，改变了铸造方法，测得用新方法铸出的零件强度如下：

51.9　53.0　52.7　54.1　53.2　52.3　52.5　51.1　54.7

问：改变方法后零件的方差是否发生显著变化(取显著性水平$\alpha=0.05$)?

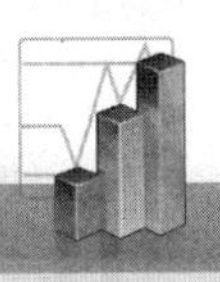

二、综合提高题

1. 设某次考试的考生成绩服从正态分布，从中随机地抽取 36 位考生的成绩，算得平均成绩为 66.5 分，标准差为 15 分。问：在显著性水平 0.05 下，是否可认为这次考试全体考生的平均成绩为 70 分？并给出检验过程。

2. 某批矿砂的 5 个样品中的镍含量(%)经测定为：

$$3.25 \qquad 3.27 \qquad 3.24 \qquad 3.26 \qquad 3.24$$

设测定值总体服从正态分布，在 $\alpha = 0.01$ 下能否接受假设：这批矿砂的镍含量均值为 3.25?

阶梯化训练题答案

第 1 章

一、基础能力题

1. (1) $A\overline{B}\overline{C}$
   (2) $AB\overline{C}$
   (3) ABC
   (4) $A+B+C$
   (5) $\overline{A}\overline{B}\overline{C}$
   (6) $\overline{A}\overline{B}+\overline{A}\overline{C}+\overline{B}\overline{C}$
   (7) $\overline{A}+\overline{B}+\overline{C}$
   (8) $AB+AC+BC$

2. 略

3. 120

4. (1) 42；(2) 21

5. 105

6. 6

7. 50

8. (1)120；(2)24；(3)48；(4)96

9. $\frac{1}{6}$

10. (1) 0.16；(2) 0.5；(3) 0.33；(4) 1

11. 0.3024

12. $\frac{1}{4}$

13. (1) $\frac{1}{4}$；(2) $\frac{3}{8}$

14. (1) $\frac{1}{12}$；(2) $\frac{1}{20}$

15. $\frac{8}{15}$

16. $\frac{1}{2}$

17. $\frac{5}{8}$

18. K^2

19. $\frac{5}{99}$

20. (1) $\frac{28}{45}$；(2) $\frac{1}{45}$；(3) $\frac{16}{45}$；(4) $\frac{1}{5}$

21. 0.72

22. 0.0083

23. $\frac{1}{5}$

24. 0.93

25. $\frac{11}{30}$

26. (1) 0.056；(2) 0.05

27. (1) $\frac{5}{12}$；(2) $\frac{4}{5}$

28. (1) 0.0345；(2) 0.362

29. (1) 0.56；(2) 0.24；(3) 0.14

30. (1) 0.003；(2) 0.388；(3) 0.059

二、综合提高题

1. D

2. 0

3. D

4. C

5. B

6. C

7. B

8. 略

9. C

10. $\frac{11}{24}$

11. $\frac{13}{48}$

12. $\frac{2}{5}$

13. (1) $\frac{29}{90}$；(2) $\frac{20}{61}$

14. $p=\frac{19}{36}$，$q=\frac{1}{18}$

15. $\frac{3}{4}$

16. $\frac{1}{2}+\frac{1}{\pi}$

第 2 章

一、基础能力题

1. $P\{X=1\}=\frac{4}{7}$，$P\{X=2\}=\frac{2}{7}$，$P\{X=3\}=\frac{1}{7}$

2. $P\{X=-3\}=\frac{1}{3}$，$P\{X=1\}=\frac{1}{2}$，$P\{X=2\}=\frac{1}{6}$

3. $P\left\{X=k\right\}=\frac{10}{13}\times\left(\frac{3}{13}\right)^{k-1}(k=1,2,\cdots)$

4. (1) 0.009；(2) 0.998

5. 0.206

6. $\frac{65}{81}$

7. (1) 0.0298；(2) 0.002 84

8. 0.168

9. 0.2526

10. $P\{X=0\}=\frac{1}{3}$，$P\{X=1\}=\frac{2}{3}$，$F(x)=\begin{cases}0, & x<0\\ \frac{1}{3}, & 0\leqslant x<1\\ 1, & x\geqslant 1\end{cases}$

11. 0.25，0，$F(x)=\begin{cases}0, & x<0\\ x^2, & 0\leqslant x<1\\ 1, & x\geqslant 1\end{cases}$

12. 0.578

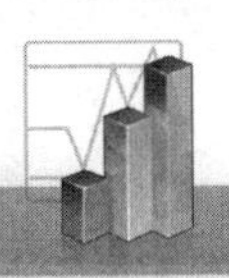

13. (1) $\frac{8}{27}$；(2) $\frac{1}{27}$；(3) $\frac{2}{9}$

14. 1，0.4，$f(x)=\begin{cases}2x, & 0<x<1\\ 0, & 其他\end{cases}$

15. $\frac{3}{5}$

16. $\frac{20}{27}$

17. (1) 0.9545；(2) 0.0007

18. 高于 183.95cm

19. 略

20. (1)

$Y=X-1$	-2	-1	0	1	3/2
P	2/10	1/10	1/10	3/10	3/10

(2)

$Z=-2X^2$	$-25/2$	-8	-2	0
P	3/10	3/10	3/10	1/10

21. $f_Y(y)=\begin{cases}\dfrac{\lambda}{3\sqrt[3]{y^2}}e^{-\lambda\sqrt[3]{y}}, & y>0\\ 0, & y\leqslant 0\end{cases}$

22. $f_Y(y)=\begin{cases}\dfrac{1}{3}, & 1\leqslant y\leqslant 4\\ 0, & 其他\end{cases}$

二、综合提高题

1. C

2. A

3. A

4. C

5. $\frac{19}{27}$

6. [1,3]

7. $F(x)=\begin{cases}0, & x<-1\\ \dfrac{5x+7}{16}, & -1\leqslant x<1\\ 1, & x\geqslant 1\end{cases}$

8. D

9. $F_Y(y)=\begin{cases}0, & y\leqslant 0\\ 1-e^{-\frac{1}{5}x}, & 0<y<2\\ 1, & y\geqslant 2\end{cases}$

10. 4

11. A

12. C

13. C

14. $f_Y(y)=\begin{cases}1, & 0\leqslant y\leqslant 1\\ 0, & 其他\end{cases}$

15. 略

第3章

一、基础能力题

1.

$X \backslash Y$	0	1/3	1	$P_{i\cdot}$
−1	0	1/12	1/3	5/12
0	1/6	0	0	1/6
2	5/12	0	0	5/12
$P_{\cdot j}$	7/12	1/12	1/3	

2. (1)

$X \backslash Y$	1	2	$P_{i\cdot}$
1	0	1/3	1/3
2	1/3	1/3	2/3
$P_{\cdot j}$	1/3	2/3	

(2)

X	1	2
$P\{X \mid Y=1\}$	0	1

(3) 不独立

3.

$X \backslash Y$	1	2	3	4
1	1/4	0	0	0
2	1/8	1/8	0	0
3	1/12	1/12	1/12	0
4	1/16	1/16	1/16	1/16

4.

$X \backslash Y$	−1	1
−1	1/4	0
1	1/2	1/4

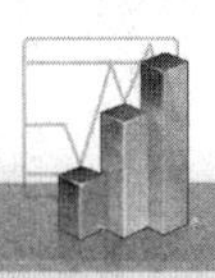

5. (1) $c=\sqrt{2}+1$；(2) $f_Y(y)=\begin{cases}(\sqrt{2}+1)\left(\cos y-\cos\left(\dfrac{\pi}{4}+y\right)\right), & 0\leqslant y\leqslant\dfrac{\pi}{4}\\ 0, & \text{其他}\end{cases}$

6. $f(s)=\begin{cases}\dfrac{1}{2}(\ln 2-\ln s), & 0<s<2\\ 0, & s\leqslant 0\text{或}s\geqslant 2\end{cases}$

7. $\dfrac{1}{2}$

8. $f_X(x)=\dfrac{1}{\sqrt{2\pi}}\mathrm{e}^{-\frac{x^2}{2}}$；$f_Y(y)=\dfrac{1}{\sqrt{2\pi}}\mathrm{e}^{-\frac{y^2}{2}}$

二、综合提高题

1. A

2. $\dfrac{1}{9}$

3.

$X \backslash Y$	y_1	y_2	y_3	$P\{X=x_i\}$
x_1	$\frac{1}{24}$	$\frac{1}{8}$	$\frac{1}{12}$	$\frac{1}{4}$
x_2	$\frac{1}{8}$	$\frac{3}{8}$	$\frac{1}{4}$	$\frac{3}{4}$
$P\{Y=y_j\}$	$\frac{1}{6}$	$\frac{1}{2}$	$\frac{1}{3}$	1

4. B

5. A

6. (1)

$X_2 \backslash X_1$	−1	0	1	$P_{i\cdot}$
0	$\frac{1}{4}$	0	$\frac{1}{4}$	$\frac{1}{2}$
1	0	$\frac{1}{2}$	0	$\frac{1}{2}$
$p_{\cdot j}$	$\frac{1}{4}$	$\frac{1}{2}$	$\frac{1}{4}$	1

(2) 不独立

7. (1) $\frac{4}{9}$

(2)

X \ Y	0	1	2
0	$\frac{1}{4}$	$\frac{1}{3}$	$\frac{1}{9}$
1	$\frac{1}{6}$	$\frac{1}{9}$	0
2	$\frac{1}{36}$	0	0

8. (1) $P\{Y=m|X=n\}=C_n^m p^m(1-p)^{n-m}$， $m=0,1,2,\cdots,n$

(2) $P\{X=n,Y=m\}=\frac{\lambda^n}{n!}\mathrm{e}^{-\lambda}C_n^m p^m(1-p)^{n-m}$ $(0\leqslant m\leqslant n, n=0,1,2,\cdots)$

9. A

10. $\frac{1}{4}$

11. $F(x,y)=\begin{cases}0, & x<0\text{或}y<0\\ x^2y^2, & 0\leqslant x,\ y\leqslant 1\\ y^2, & x>1,\ 0\leqslant y\leqslant 1\\ x^2, & 0\leqslant x\leqslant 1, y>1\\ 1, & x>1, y>1\end{cases}$

12. $f(u)=\begin{cases}\frac{1}{2}(2-u), & 0<u<2\\ 0, & \text{其他}\end{cases}$

13. (1) $f_X(x)=\begin{cases}2x, 0<x<1\\ 0, \text{其他}\end{cases}$， $f_Y(y)=\begin{cases}1-\frac{y}{2}, 0<y<2\\ 0, \text{其他}\end{cases}$

(2) $f_Z(z)=\begin{cases}1-\frac{z}{2}, 0<z<2\\ 0, \text{其他}\end{cases}$

(3) $P\left\{Y\leqslant\frac{1}{2}\middle|X\leqslant\frac{1}{2}\right\}=\frac{3}{4}$

14. (1) $f_{Y|X}(y|x)=\begin{cases}\frac{1}{x}, 0<y<x\\ 0, \text{其他}\end{cases}$； (2) $P\{X\leqslant 1|Y\leqslant 1\}=\frac{\mathrm{e}-2}{\mathrm{e}-1}$

15. A

16. (1) $P\{X>2Y\}=\dfrac{7}{24}$；(2) $f_Z(z)=\begin{cases}2z-z^2, & 0<z<1\\(2-z)^2, & 1\leqslant z<2\\0, & 其他\end{cases}$

17. (1) $f(x,y)=\begin{cases}\dfrac{1}{x}, & 0<y<x<1\\0, & 其他\end{cases}$

(2) $f_Y(y)=\begin{cases}-\ln y, & 0<y<1\\0, & 其他\end{cases}$

(3) $P\{X+Y>1\}=1-\ln 2$

18. $f_Z(z)=0.3f_Y(z-1)+0.7f_Y(z-2)$

19. B

20. (1) $\dfrac{1}{2}$；(2) $f_Z(z)=\begin{cases}\dfrac{1}{3}, & -1\leqslant z<2\\0, & 其他\end{cases}$

21.

X	−1	0	1
P	0.1344	0.7312	0.1344

22. T 的分布函数 $G_T(t)=\begin{cases}1-\mathrm{e}^{-3\lambda t}, & t>0\\0, & t\leqslant 0\end{cases}$，即 $T\sim E(3\lambda)$。

第 4 章

一、基础能力题

1. (1) 0.2；(2) 1.6；(3) 9.8

2. $\dfrac{1}{3}$

3. $\dfrac{\pi}{12}(a^2+ab+b^2)$

4. $\dfrac{1}{6}$，$\dfrac{1}{45}$

5. $k=3$，$a=2$

6. $p=\dfrac{1}{3}$，$n=36$

7. 5.7，1.997

8. 0.75

9. (1) $f(x)=\begin{cases}\dfrac{1}{1000}\mathrm{e}^{-\frac{x}{1000}}, & x>0\\0, & x\leqslant 0\end{cases}$；(2) $\mathrm{e}^{-1}-\mathrm{e}^{-1.2}$；(3) $\mathrm{e}^{-0.1}$

10. 45V

11. 6，36

12. 7，77

13. 85，37

14. 略

15. −1

二、综合提高题

1. $\frac{1}{2}e^{-1}$

2. $\frac{1}{e}$

3. 1

4. (1) $\frac{3}{2}$；(2) $\frac{1}{4}$

5. $\frac{1}{18}$

6. (1)

X_2 \ X_1	0	1
0	$1-e^{-1}$	0
1	$e^{-1}-e^{-2}$	e^{-2}

(2) $E(X_1+X_2)=e^{-1}+e^{-2}$

7. (1) $a=0.2$，$b=0.1$，$c=0.1$

(2)

Z	−2	−1	0	1	2
P	0.2	0.1	0.3	0.3	0.1

(3) $P\{X=Z\}=0.2$

8. (1)

X \ Y	−1	1
−1	$\frac{1}{4}$	0
1	$\frac{1}{2}$	$\frac{1}{4}$

(2) $D(X+Y)=2$

9. 5

10. 6

11. D

12. 略

13. (1)

V \ U	0	1	$P\{U=u_i\}$
0	$\frac{1}{4}$	0	$\frac{1}{4}$
1	$\frac{1}{4}$	$\frac{1}{2}$	$\frac{3}{4}$
$P\{V=v_i\}$	$\frac{1}{2}$	$\frac{1}{2}$	

(2) $\rho=\frac{1}{\sqrt{3}}$

14. A

15. (1)

$X \backslash Y$	0	1
0	$\frac{2}{3}$	$\frac{1}{12}$
1	$\frac{1}{6}$	$\frac{1}{12}$

(2) $\rho_{XY}=\frac{\sqrt{15}}{15}$

16. $f(t)=\begin{cases}25t\,\mathrm{e}^{-5t}, & t>0\\ 0, & t\leqslant 0\end{cases}$，$ET=\frac{2}{5}$，$DT=\frac{2}{25}$

17. $\mu=11-\frac{1}{2}\ln\frac{25}{21}\approx 10.9$

第 5 章

一、基础能力题

1. 略

2. 0.9

3. 略

4. 0.1814

5. 0.9938

6. 0.84

二、综合提高题

1. $\frac{1}{2}$

2. C

3. C

4. $N\left(a_2,\frac{a_4-a_2^2}{n}\right)$

5. (1) $P\{X=k\}=C_{100}^{k}(0.2)^{k}(0.8)^{100-k}$，$k=0,1,2,\cdots,100$

(2) 0.927

6. 16

7. 98 箱

第 6 章

一、基础能力题

1. 1.96

2. 2.228

3. $a=3.94$；$b=18.307$

4. $\frac{1}{n\sigma^2}$

5. 略

6. 69

二、综合提高题

1. $\frac{1}{20}$，$\frac{1}{100}$，2

2. t，9

3. 略

4. C

5. C

6. (1) $DY_i=\frac{n-1}{n}\sigma^2$；(2) $\mathrm{Cov}(Y_1,Y_n)=-\frac{\sigma^2}{n}$；(3) $c=\frac{n}{2(n-2)}$

第7章

一、基础能力题

1. $\hat{\lambda}=\bar{X}$，$\hat{\lambda}=\bar{X}$

2. $\hat{\mu}=\bar{X}$，$\hat{\sigma}^2=\frac{1}{n}\sum_{i=1}^{n}(X_i-\bar{X})^2$

3. $\frac{1998}{1999}$

4. $n\left(\frac{1}{a}-\frac{1}{b}\right)\sigma^2$

5. 略

6. (4.412, 5.588)

7. (2818,3295)

8. (0.03,0.10)

二、综合提高题

1. 矩估计量$\hat{\theta}=\frac{2\bar{X}-1}{1-\bar{X}}$，最大似然估计量$\hat{\theta}=-1-\frac{n}{\sum_{i=1}^{n}\ln X_i}$

2. (1) $\hat{\beta}=\frac{\bar{X}}{\bar{X}-1}$；(2) $\hat{\beta}=\frac{n}{\sum_{i=1}^{n}\ln X_i}$；(3) $\hat{\alpha}=\min\{X_1,X_2,\cdots,X_n\}$

3. (1) $\hat{\theta}=\frac{3}{2}-\bar{X}$；(2) $\hat{\theta}=\frac{N}{n}$

4. (1) $\hat{\theta}=2\bar{X}-\frac{1}{2}$；(2) 不是

5. (1) $\hat{\theta}=2\bar{X}$；(2) $D\hat{\theta}=\frac{1}{5n}\theta^2$；(3) 无偏，一致

6. μ_3

7. (4.804,5.169)

8. (4.412, 5.588)

9. (1) $b=\mathrm{e}^{\mu+\frac{1}{2}}$；(2) (−0.98,0.98)；(3) $(\mathrm{e}^{-0.48},\mathrm{e}^{1.48})$

10. (7.4, 21.1)

第 8 章

一、基础能力题

1. 不能接受 H_0
2. 不能认为机床正常工作
3. 零件的方差没有发生显著变化

二、综合提高题

1. 可以
2. 能

附录　几种常用分布的分布表

附表 1　泊松分布表

$$P\{X=k\}=\frac{\lambda^k}{k!}e^{-\lambda}$$

k	λ							
	0.1	0.2	0.3	0.4	0.5	0.6	0.7	0.8
0	0.904837	0.818731	0.740818	0.670320	0.606531	0.548812	0.496585	0.449329
1	0.090484	0.163746	0.222245	0.268128	0.303265	0.329287	0.347610	0.359463
2	0.004524	0.016375	0.033337	0.053626	0.075816	0.098786	0.121663	0.143785
3	0.000151	0.001092	0.003334	0.007150	0.012636	0.019757	0.028388	0.038343
4	0.000004	0.000055	0.000250	0.000715	0.001580	0.002964	0.004968	0.007669
5		0.000002	0.000015	0.000057	0.000158	0.000356	0.000696	0.001227
6			0.000001	0.000004	0.000013	0.000036	0.000081	0.000164
7					0.000001	0.000003	0.000008	0.000019
8							0.000001	0.000002

k	λ							
	0.9	1.0	1.5	2.0	2.5	3.0	3.5	4.0
0	0.406570	0.367879	0.223130	0.135335	0.082085	0.049787	0.030197	0.018316
1	0.365913	0.367879	0.334695	0.270671	0.205212	0.149361	0.105691	0.073263
2	0.164661	0.183940	0.251021	0.270671	0.256516	0.224042	0.184959	0.146525
3	0.049398	0.061313	0.125510	0.180447	0.213763	0.224042	0.215785	0.195367
4	0.011115	0.015328	0.047067	0.090224	0.133602	0.168031	0.188812	0.195367
5	0.002001	0.003066	0.014120	0.036089	0.066801	0.100819	0.132169	0.156293
6	0.000300	0.000511	0.003530	0.012030	0.027834	0.050409	0.077098	0.104196
7	0.000730	0.000073	0.000756	0.003437	0.009941	0.021604	0.038549	0.059540
8	0.000004	0.000009	0.000142	0.000859	0.003106	0.008102	0.016865	0.029770
9		0.000001	0.000024	0.000191	0.000863	0.002701	0.006559	0.013231
10			0.000004	0.000038	0.000216	0.000810	0.002296	0.005292
11				0.000007	0.000049	0.000221	0.000730	0.001925
12				0.000001	0.000010	0.000055	0.000213	0.000642
13					0.000002	0.000013	0.000057	0.000197
14						0.000003	0.000014	0.000056
15						0.000001	0.000003	0.000015
16							0.000001	0.000004
17								0.000001

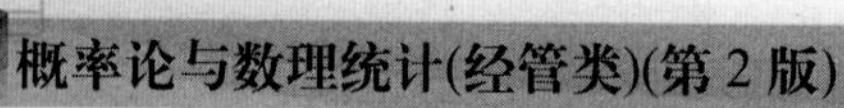

续表

k	λ						
	4.5	5.0	6.0	7.0	8.0	9.0	10.0
0	0.011109	0.006738	0.002479	0.000912	0.000335	0.000123	0.000045
1	0.049990	0.033690	0.014873	0.006383	0.002684	0.001111	0.000454
2	0.112479	0.084224	0.044618	0.022341	0.010735	0.004998	0.002270
3	0.168718	0.140374	0.089235	0.052129	0.028626	0.014994	0.007567
4	0.189808	0.175467	0.133853	0.091226	0.057252	0.033737	0.018917
5	0.170827	0.175467	0.160623	0.127717	0.091604	0.060727	0.037833
6	0.128120	0.146223	0.160623	0.149003	0.122138	0.091090	0.063055
7	0.082363	0.104445	0.137677	0.149003	0.139587	0.117116	0.090079
8	0.046329	0.065278	0.103258	0.130377	0.139587	0.131756	0.112599
9	0.023165	0.036266	0.068838	0.101405	0.124077	0.131756	0.125110
10	0.010424	0.018133	0.041303	0.070983	0.099262	0.118580	0.125110
11	0.004264	0.008242	0.022529	0.045171	0.072190	0.097020	0.113736
12	0.001599	0.003434	0.011264	0.026350	0.048127	0.072765	0.094780
13	0.000554	0.001321	0.005199	0.014188	0.029616	0.050376	0.072908
14	0.000178	0.000472	0.002228	0.007094	0.016924	0.032384	0.052077
15	0.000053	0.000157	0.000891	0.003311	0.009026	0.019431	0.034718
16	0.000015	0.000049	0.000334	0.001448	0.004513	0.010930	0.021699
17	0.000004	0.000014	0.000118	0.000596	0.002124	0.005786	0.012764
18	0.000001	0.000004	0.000039	0.000232	0.000944	0.002893	0.007091
19		0.000001	0.000012	0.000085	0.000397	0.001370	0.003732
20			0.000004	0.000030	0.000159	0.000617	0.001866
21			0.000001	0.000010	0.000061	0.000264	0.000889
22				0.000003	0.000022	0.000108	0.000404
23				0.000001	0.000008	0.000042	0.000176
24					0.000003	0.000016	0.000073
25					0.000001	0.000006	0.000029
26						0.000002	0.000011
27						0.000001	0.000004
28							0.000001
29							0.000001

附表 2　标准正态分布函数表

$$\Phi(u)=\frac{1}{\sqrt{2\pi}}\int_{-\infty}^{u}e^{-\frac{x^2}{2}}dx \quad (u\geqslant 0)$$

u	0.00	0.01	0.02	0.03	0.04	0.05	0.06	0.07	0.08	0.09	u
0.0	0.5000	0.5040	0.5080	0.5120	0.5160	0.5199	0.5239	0.5279	0.5319	0.5359	0.0
0.1	0.5398	0.5438	0.5478	0.5517	0.5557	0.5596	0.5636	0.5675	0.5714	0.5753	0.1
0.2	0.5793	0.5832	0.5871	0.5910	0.5948	0.5987	0.6026	0.6064	0.6103	0.6141	0.2
0.3	0.6179	0.6217	0.6255	0.6293	0.6331	0.6368	0.6406	0.6443	0.6480	0.6517	0.3
0.4	0.6554	0.6591	0.6628	0.6664	0.6700	0.6736	0.6772	0.6808	0.6844	0.6879	0.4
0.5	0.6915	0.6950	0.6985	0.7019	0.7054	0.7088	0.7123	0.7157	0.7190	0.7224	0.5
0.6	0.7257	0.7291	0.7324	0.7357	0.7389	0.7422	0.7454	0.7486	0.7517	0.7549	0.6
0.7	0.7580	0.7611	0.7642	0.7673	0.7703	0.7734	0.7764	0.7794	0.7823	0.7852	0.7
0.8	0.7881	0.7910	0.7939	0.7967	0.7995	0.8023	0.8051	0.8078	0.8106	0.8133	0.8
0.9	0.8159	0.8186	0.8212	0.8238	0.8264	0.8289	0.8315	0.8340	0.8365	0.8389	0.9
1.0	0.8413	0.8438	0.8461	0.8485	0.8508	0.8531	0.8554	0.8577	0.8599	0.8621	1.0
1.1	0.8643	0.8665	0.8686	0.8708	0.8729	0.8749	0.8770	0.8790	0.8810	0.8830	1.1
1.2	0.8849	0.8869	0.8888	0.8907	0.8925	0.8944	0.8962	0.8980	0.8997	0.90147	1.2
1.3	0.90320	0.90490	0.90658	0.90824	0.90988	0.91149	0.91309	0.91466	0.91621	0.91774	1.3
1.4	0.91924	0.92073	0.92220	0.92364	0.92507	0.92647	0.92785	0.92922	0.93056	0.93189	1.4
1.5	0.93319	0.93448	0.93574	0.93699	0.93822	0.93943	0.94062	0.94179	0.94295	0.94408	1.5
1.6	0.94520	0.94630	0.94738	0.94845	0.94950	0.95053	0.95154	0.95254	0.95352	0.95449	1.6
1.7	0.95543	0.95637	0.95728	0.95818	0.95907	0.95994	0.96080	0.96164	0.96246	0.96327	1.7
1.8	0.96407	0.96485	0.96562	0.96638	0.96712	0.96784	0.96856	0.96926	0.96995	0.97062	1.8
1.9	0.97128	0.97193	0.97257	0.97320	0.97381	0.97441	0.97500	0.97558	0.97615	0.97670	1.9

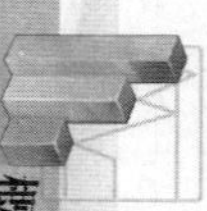

续表

u	0.00	0.01	0.02	0.03	0.04	0.05	0.06	0.07	0.08	0.09	u
2.0	0.97725	0.97778	0.97831	0.97882	0.97932	0.97982	0.98030	0.98077	0.98124	0.98169	2.0
2.1	0.98214	0.98257	0.98300	0.98341	0.98382	0.98422	0.98461	0.98500	0.98537	0.98574	2.1
2.2	0.98610	0.98645	0.98679	0.98713	0.98745	0.98778	0.98809	0.98840	0.98870	0.98899	2.2
2.3	0.98928	0.98956	0.98983	$0.9^{2}0097$	$0.9^{2}0358$	$0.9^{2}0613$	$0.9^{2}0863$	$0.9^{2}1106$	$0.9^{2}1344$	$0.9^{2}1576$	2.3
2.4	$0.9^{2}1802$	$0.9^{2}2024$	$0.9^{2}2240$	$0.9^{2}2451$	$0.9^{2}2656$	$0.9^{2}2857$	$0.9^{2}3053$	$0.9^{2}3244$	$0.9^{2}3431$	$0.9^{2}3613$	2.4
2.5	$0.9^{2}3790$	$0.9^{2}3963$	$0.9^{2}4132$	$0.9^{2}4297$	$0.9^{2}4457$	$0.9^{2}4614$	$0.9^{2}4766$	$0.9^{2}4915$	$0.9^{2}5060$	$0.9^{2}5201$	2.5
2.6	$0.9^{2}5339$	$0.9^{2}5473$	$0.9^{2}5604$	$0.9^{2}5731$	$0.9^{2}5855$	$0.9^{2}5975$	$0.9^{2}6093$	$0.9^{2}6207$	$0.9^{2}6319$	$0.9^{2}6427$	2.6
2.7	$0.9^{2}6533$	$0.9^{2}6636$	$0.9^{2}6736$	$0.9^{2}6833$	$0.9^{2}6928$	$0.9^{2}7020$	$0.9^{2}7110$	$0.9^{2}7197$	$0.9^{2}7282$	$0.9^{2}7365$	2.7
2.8	$0.9^{2}7445$	$0.9^{2}7523$	$0.9^{2}7599$	$0.9^{2}7673$	$0.9^{2}7744$	$0.9^{2}7814$	$0.9^{2}7882$	$0.9^{2}7948$	$0.9^{2}8012$	$0.9^{2}8074$	2.8
2.9	$0.9^{2}8134$	$0.9^{2}8193$	$0.9^{2}8250$	$0.9^{2}8305$	$0.9^{2}8359$	$0.9^{2}8411$	$0.9^{2}8462$	$0.9^{2}8511$	$0.9^{2}8559$	$0.9^{2}8605$	2.9
3.0	$0.9^{2}8650$	$0.9^{2}8694$	$0.9^{2}8736$	$0.9^{2}8777$	$0.9^{2}8817$	$0.9^{2}8856$	$0.9^{2}8893$	$0.9^{2}8930$	$0.9^{2}8965$	$0.9^{2}8999$	3.0
3.1	$0.9^{3}0324$	$0.9^{3}0646$	$0.9^{3}0957$	$0.9^{3}1260$	$0.9^{3}1553$	$0.9^{3}1836$	$0.9^{3}2112$	$0.9^{3}2378$	$0.9^{3}2636$	$0.9^{3}2886$	3.1
3.2	$0.9^{3}3129$	$0.9^{3}3363$	$0.9^{3}3590$	$0.9^{3}3810$	$0.9^{3}4024$	$0.9^{3}4230$	$0.9^{3}4429$	$0.9^{3}4623$	$0.9^{3}4810$	$0.9^{3}4991$	3.2
3.3	$0.9^{3}5166$	$0.9^{3}5335$	$0.9^{3}5499$	$0.9^{3}5658$	$0.9^{3}5811$	$0.9^{3}5959$	$0.9^{3}6103$	$0.9^{3}6242$	$0.9^{3}6376$	$0.9^{3}6505$	3.3
3.4	$0.9^{3}6631$	$0.9^{3}6752$	$0.9^{3}6869$	$0.9^{3}6932$	$0.9^{3}7091$	$0.9^{3}7197$	$0.9^{3}7299$	$0.9^{3}7398$	$0.9^{3}7493$	$0.9^{3}7585$	3.4
3.5	$0.9^{3}7674$	$0.9^{3}7769$	$0.9^{3}7842$	$0.9^{3}7922$	$0.9^{3}7999$	$0.9^{3}8074$	$0.9^{3}8146$	$0.9^{3}8215$	$0.9^{3}8282$	$0.9^{3}8347$	3.5
3.6	$0.9^{3}8409$	$0.9^{3}8469$	$0.9^{3}8527$	$0.9^{3}8583$	$0.9^{3}8637$	$0.9^{3}8689$	$0.9^{3}8739$	$0.9^{3}8787$	$0.9^{3}8834$	$0.9^{3}8879$	3.6
3.7	$0.9^{3}8922$	$0.9^{3}8964$	$0.9^{4}0039$	$0.9^{4}0426$	$0.9^{4}0799$	$0.9^{4}1158$	$0.9^{4}1504$	$0.9^{4}1838$	$0.9^{4}2159$	$0.9^{4}2468$	3.7
3.8	$0.9^{4}2765$	$0.9^{4}3052$	$0.9^{4}3327$	$0.9^{4}3593$	$0.9^{4}3848$	$0.9^{4}4094$	$0.9^{4}4331$	$0.9^{4}4558$	$0.9^{4}4777$	$0.9^{4}4988$	3.8
3.9	$0.9^{4}5190$	$0.9^{4}5385$	$0.9^{4}5573$	$0.9^{4}5753$	$0.9^{4}5926$	$0.9^{4}6092$	$0.9^{4}6253$	$0.9^{4}6406$	$0.9^{4}6554$	$0.9^{4}6696$	3.9
4.0	$0.9^{4}6833$	$0.9^{4}6964$	$0.9^{4}7090$	$0.9^{4}7211$	$0.9^{4}7327$	$0.9^{4}7439$	$0.9^{4}7546$	$0.9^{4}7649$	$0.9^{4}7748$	$0.9^{4}7843$	4.0
4.1	$0.9^{4}7934$	$0.9^{4}8022$	$0.9^{4}8106$	$0.9^{4}8186$	$0.9^{4}8263$	$0.9^{4}8338$	$0.9^{4}8409$	$0.9^{4}8477$	$0.9^{4}8542$	$0.9^{4}8605$	4.1
4.2	$0.9^{4}8665$	$0.9^{4}8723$	$0.9^{4}8778$	$0.9^{4}8832$	$0.9^{4}8882$	$0.9^{4}8931$	$0.9^{4}8978$	$0.9^{5}0226$	$0.9^{5}0655$	$0.9^{5}1066$	4.2
4.3	$0.9^{5}1460$	$0.9^{5}1837$	$0.9^{5}2199$	$0.9^{5}2545$	$0.9^{5}2876$	$0.9^{5}3193$	$0.9^{5}3497$	$0.9^{5}3788$	$0.9^{5}4066$	$0.9^{5}4332$	4.3
4.4	$0.9^{5}4587$	$0.9^{5}4831$	$0.9^{5}5065$	$0.9^{5}5288$	$0.9^{5}5502$	$0.9^{5}5706$	$0.9^{5}5902$	$0.9^{5}6089$	$0.9^{5}6268$	$0.9^{5}6439$	4.4
4.5	$0.9^{5}6602$	$0.9^{5}6759$	$0.9^{5}6908$	$0.9^{5}7051$	$0.9^{5}7187$	$0.9^{5}7318$	$0.9^{5}7442$	$0.9^{5}7561$	$0.9^{5}7675$	$0.9^{5}7784$	4.5
4.6	$0.9^{5}7888$	$0.9^{5}7987$	$0.9^{5}8081$	$0.9^{5}8172$	$0.9^{5}8258$	$0.9^{5}8340$	$0.9^{5}8419$	$0.9^{5}8494$	$0.9^{5}8566$	$0.9^{5}8634$	4.6
4.7	$0.9^{5}8699$	$0.9^{5}8761$	$0.9^{5}8821$	$0.9^{5}8877$	$0.9^{5}8931$	$0.9^{5}8983$	$0.9^{6}0320$	$0.9^{6}0789$	$0.9^{6}1235$	$0.9^{6}1661$	4.7
4.8	$0.9^{6}2067$	$0.9^{6}2453$	$0.9^{6}2822$	$0.9^{6}3173$	$0.9^{6}3508$	$0.9^{6}3827$	$0.9^{6}4131$	$0.9^{6}4420$	$0.9^{6}4696$	$0.9^{6}4958$	4.8
4.9	$0.9^{6}5208$	$0.9^{6}5446$	$0.9^{6}5673$	$0.9^{6}5889$	$0.9^{6}6094$	$0.9^{6}6289$	$0.9^{6}6475$	$0.9^{6}6652$	$0.9^{6}6821$	$0.9^{6}6981$	4.9

附表 3　χ^2 分布的右侧分位数表

$$P\{\chi^2>\chi_\alpha^2(n)\}=\alpha$$

n	α=0.99	0.98	0.95	0.90	0.80	0.70	0.50	0.30	0.20	0.10	0.05	0.02	0.01
1	0.000157	0.000628	0.00393	0.0158	0.0642	0.148	0.455	1.074	1.642	2.706	3.841	5.412	6.635
2	0.0201	0.0404	0.103	0.211	0.446	0.713	1.386	2.408	3.219	4.605	5.991	7.824	9.210
3	0.115	0.185	0.352	0.584	1.005	1.424	2.366	3.665	4.642	6.251	7.815	9.837	11.341
4	0.297	0.429	0.711	1.064	1.649	2.195	3.357	4.878	5.989	7.779	9.488	11.668	13.277
5	0.554	0.752	1.145	1.610	2.343	3.000	4.351	6.064	7.289	9.236	11.070	13.388	15.086
6	0.872	1.134	1.635	2.204	3.070	3.828	5.349	7.231	8.558	10.645	12.592	15.033	16.812
7	1.239	1.564	2.167	2.833	3.822	4.671	6.346	8.383	9.803	12.017	14.067	16.622	18.475
8	1.646	2.032	2.733	3.490	4.594	5.527	7.344	9.524	11.030	13.362	15.507	18.168	20.090
9	2.088	2.532	3.325	4.168	5.380	6.393	8.343	10.656	12.242	14.684	16.919	19.679	21.666
10	2.558	3.059	3.940	4.865	6.179	7.267	9.342	11.781	13.442	15.987	18.307	21.161	23.209

续表

n	α=0.99	0.98	0.95	0.90	0.80	0.70	0.50	0.30	0.20	0.10	0.05	0.02	0.01
11	3.053	3.609	4.575	5.579	6.989	8.148	10.341	12.899	14.631	17.275	19.625	22.618	24.725
12	3.571	4.178	5.226	6.304	7.807	9.034	11.340	14.011	15.818	18.549	21.026	24.054	26.217
13	4.107	4.765	5.892	7.042	8.634	9.926	12.340	15.119	16.985	19.812	22.362	25.472	27.688
14	4.660	5.368	6.571	7.790	9.467	10.821	13.339	16.222	18.151	21.064	23.685	26.873	29.141
15	5.229	5.985	7.261	8.547	10.307	11.721	14.339	17.322	19.311	22.307	24.996	28.259	30.578
16	5.812	6.614	7.962	9.312	11.152	12.624	15.338	18.418	20.465	23.542	26.296	29.633	32.000
17	6.408	7.255	8.672	10.085	12.002	13.531	16.338	19.511	21.615	24.669	27.587	30.955	33.409
18	7.015	7.906	9.390	10.865	12.857	14.440	17.338	20.601	22.760	25.989	28.869	32.346	34.805
19	7.633	8.567	10.117	11.651	13.716	15.352	18.338	21.689	23.900	27.204	30.144	33.687	36.191
20	8.260	9.237	10.851	12.443	14.578	16.266	19.337	22.775	25.038	28.412	31.410	35.020	37.566
21	8.897	9.915	11.591	13.240	15.445	17.182	20.337	23.858	26.171	29.615	32.671	36.343	38.932
22	9.542	10.600	12.338	14.041	16.314	18.101	21.337	24.939	27.301	30.813	33.924	37.659	40.289
23	10.196	11.293	13.091	14.848	17.187	19.021	22.337	26.018	28.429	32.007	35.172	38.968	41.638
24	10.856	11.992	13.848	15.659	18.062	19.943	23.337	27.096	29.553	33.196	36.415	40.270	42.980
25	11.524	12.697	14.611	16.473	18.940	20.867	24.337	28.172	30.675	34.382	37.652	41.566	44.314
26	12.198	13.409	15.379	17.292	19.820	21.792	25.336	29.246	31.795	35.563	38.885	42.856	45.642
27	12.879	14.125	16.151	18.114	20.703	22.719	26.336	30.319	32.912	36.741	40.113	44.140	46.963
28	13.565	14.847	16.928	18.939	21.588	23.647	27.336	31.391	34.027	37.916	41.337	45.419	48.278
29	14.256	15.574	17.709	19.768	22.475	24.577	28.363	32.461	35.139	39.087	42.557	46.693	49.588
30	14.953	16.306	18.493	20.599	23.364	25.508	29.336	33.530	36.250	40.256	43.773	47.962	50.892

附表 4 t 分布的双侧分位数表

$$P\{|T|>t_\alpha(n)\}=\alpha$$

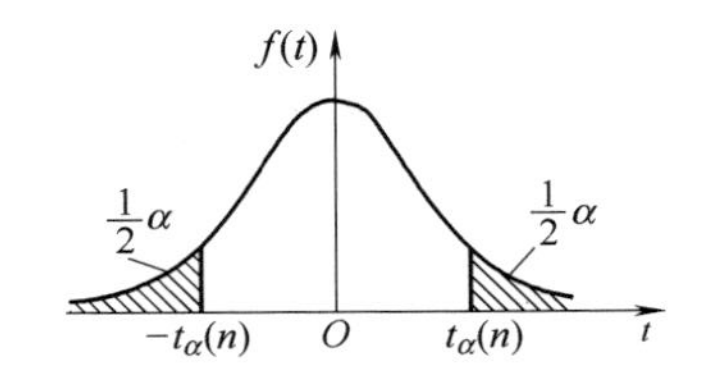

n \ α	0.9	0.8	0.7	0.6	0.5	0.4	0.3	0.2	0.1	0.05	0.02	0.01	0.001	α / n
1	0.158	0.325	0.510	0.727	1.000	1.376	1.963	3.078	6.314	12.706	31.821	63.657	636.619	1
2	0.142	0.289	0.445	0.617	0.816	1.061	1.386	1.886	2.920	4.303	6.965	9.925	31.598	2
3	0.137	0.277	0.424	0.584	0.765	0.978	1.250	1.638	2.353	3.182	4.541	5.841	12.924	3
4	0.134	0.271	0.414	0.569	0.741	0.941	1.190	1.533	2.132	2.776	3.747	4.604	8.610	4
5	0.132	0.267	0.408	0.559	0.727	0.920	1.156	1.476	2.015	2.571	3.365	4.032	6.859	5
6	0.131	0.265	0.404	0.553	0.718	0.906	1.134	1.440	1.943	2.447	3.143	3.707	5.959	6
7	0.130	0.263	0.402	0.549	0.711	0.896	1.119	1.415	1.895	2.365	2.998	3.499	5.405	7
8	0.130	0.262	0.399	0.546	0.706	0.889	1.108	1.397	1.860	2.306	2.896	3.355	5.041	8
9	0.129	0.261	0.398	0.543	0.703	0.883	1.100	1.383	1.833	2.262	2.821	3.250	4.781	9
10	0.129	0.260	0.397	0.542	0.700	0.879	1.093	1.372	1.812	2.228	2.764	3.169	4.587	10
11	0.129	0.260	0.396	0.540	0.697	0.876	1.088	1.363	1.796	2.201	2.718	3.106	4.437	11
12	0.128	0.259	0.395	0.539	0.695	0.873	1.083	1.356	1.782	2.179	2.681	3.055	4.318	12
13	0.128	0.259	0.394	0.538	0.694	0.870	1.079	1.350	1.771	2.160	2.650	3.012	4.221	13
14	0.128	0.258	0.393	0.537	0.692	0.868	1.076	1.345	1.761	2.145	2.624	2.977	4.140	14

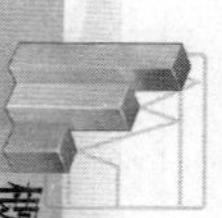

续表

n \ α	0.9	0.8	0.7	0.6	0.5	0.4	0.3	0.2	0.1	0.05	0.02	0.01	0.001	α \ n
15	0.128	0.258	0.393	0.536	0.691	0.866	1.074	1.341	1.753	2.131	2.602	2.947	4.073	15
16	0.128	0.258	0.392	0.535	0.690	0.865	1.071	1.337	1.746	2.120	2.583	2.921	4.015	16
17	0.128	0.257	0.392	0.534	0.689	0.863	1.069	1.333	1.740	2.110	2.567	2.898	3.965	17
18	0.127	0.257	0.392	0.534	0.688	0.862	1.067	1.330	1.734	2.101	2.552	2.878	3.922	18
19	0.127	0.257	0.391	0.533	0.688	0.861	1.066	1.328	1.729	2.093	2.539	2.861	3.883	19
20	0.127	0.257	0.391	0.533	0.687	0.860	1.064	1.325	1.725	2.086	2.528	2.845	3.850	20
21	0.127	0.257	0.391	0.532	0.686	0.859	1.063	1.323	1.721	2.080	2.518	2.831	3.819	21
22	0.127	0.256	0.390	0.532	0.686	0.858	1.061	1.321	1.717	2.074	2.508	2.819	3.792	22
23	0.127	0.256	0.390	0.532	0.685	0.858	1.060	1.319	1.714	2.069	2.500	2.807	3.767	23
24	0.127	0.256	0.390	0.531	0.685	0.857	1.059	1.318	1.711	2.064	2.492	2.797	3.745	24
25	0.127	0.256	0.390	0.531	0.684	0.856	1.058	1.316	1.708	2.060	2.485	2.787	3.725	25
26	0.127	0.256	0.390	0.531	0.684	0.856	1.058	1.315	1.706	2.056	2.479	2.779	3.707	26
27	0.127	0.256	0.389	0.531	0.684	0.855	1.057	1.314	1.703	2.052	2.473	2.771	3.690	27
28	0.127	0.256	0.389	0.530	0.683	0.855	1.056	1.313	1.701	2.048	2.467	2.763	3.674	28
29	0.127	0.256	0.389	0.530	0.683	0.854	1.055	1.311	1.699	2.045	2.462	2.756	3.659	29
30	0.127	0.256	0.389	0.530	0.683	0.854	1.055	1.310	1.697	2.042	2.457	2.750	3.646	30
40	0.126	0.255	0.388	0.529	0.681	0.851	1.050	1.303	1.684	2.021	2.423	2.704	3.551	40
60	0.126	0.254	0.387	0.527	0.679	0.848	1.046	1.296	1.671	2.000	2.390	2.660	3.460	60
120	0.126	0.254	0.386	0.526	0.677	0.845	1.041	1.289	1.658	1.980	2.358	2.617	3.373	120
∞	0.126	0.253	0.385	0.524	0.674	0.842	1.036	1.282	1.645	1.960	2.326	2.576	3.291	∞

附表 5　F 分布的右侧分位数表

$P\{F>F_\alpha(n_1,n_2)\}=\alpha$

$\alpha=0.25$

n_2 \ n_1	1	2	3	4	5	6	7	8	9	10	12	15	20	24	30	40	60	120	∞	n_1 / n_2
1	5. 83	7. 50	8. 20	8. 58	8. 82	8. 98	9. 10	9. 19	9. 26	9. 32	9. 41	9. 49	9. 58	9. 63	9. 67	9. 71	9. 76	9. 80	9. 85	1
2	2. 57	3. 00	3. 15	3. 23	3. 28	3. 31	3. 34	3. 35	3. 37	3. 38	3. 39	3. 41	3. 43	3. 43	3. 44	3. 45	3. 46	3. 47	3. 48	2
3	2. 02	2. 28	2. 36	2. 39	2. 41	2. 42	2. 43	2. 44	2. 44	2. 44	2. 45	2. 46	2. 46	2. 46	2. 47	2. 47	2. 47	2. 47	2. 47	3
4	1. 81	2. 00	2. 05	2. 06	2. 07	2. 08	2. 08	2. 08	2. 08	2. 08	2. 08	2. 08	2. 08	2. 08	2. 08	2. 08	2. 08	2. 08	2. 08	4
5	1. 69	1. 85	1. 88	1. 89	1. 89	1. 89	1. 89	1. 89	1. 89	1. 89	1. 89	1. 89	1. 88	1. 88	1. 88	1. 88	1. 87	1. 87	1. 87	5
6	1. 62	1. 76	1. 78	1. 79	1. 79	1. 78	1. 78	1. 78	1. 77	1. 77	1. 77	1. 76	1. 76	1. 75	1. 75	1. 75	1. 74	1. 74	1. 74	6
7	1. 57	1. 70	1. 72	1. 72	1. 71	1. 71	1. 70	1. 70	1. 69	1. 69	1. 68	1. 68	1. 67	1. 67	1. 66	1. 66	1. 65	1. 65	1. 65	7
8	1. 54	1. 66	1. 67	1. 66	1. 66	1. 65	1. 64	1. 64	1. 63	1. 63	1. 62	1. 62	1. 61	1. 60	1. 60	1. 59	1. 59	1. 58	1. 58	8
9	1. 51	1. 62	1. 63	1. 63	1. 62	1. 61	1. 60	1. 60	1. 59	1. 59	1. 58	1. 57	1. 56	1. 56	1. 55	1. 54	1. 54	1. 53	1. 53	9
10	1. 49	1. 60	1. 60	1. 59	1. 59	1. 58	1. 57	1. 56	1. 56	1. 55	1. 54	1. 53	1. 52	1. 52	1. 51	1. 51	1. 50	1. 59	1. 57	10
11	1. 47	1. 58	1. 58	1. 57	1. 56	1. 55	1. 54	1. 53	1. 53	1. 52	1. 51	1. 50	1. 49	1. 49	1. 48	1. 47	1. 47	1. 46	1. 45	11
12	1. 46	1. 56	1. 56	1. 55	1. 54	1. 53	1. 52	1. 51	1. 51	1. 50	1. 49	1. 48	1. 47	1. 46	1. 45	1. 45	1. 44	1. 43	1. 42	12
13	1. 45	1. 55	1. 55	1. 53	1. 52	1. 51	1. 50	1. 49	1. 49	1. 48	1. 47	1. 46	1. 45	1. 44	1. 43	1. 42	1. 42	1. 41	1. 40	13
14	1. 44	1. 53	1. 53	1. 52	1. 51	1. 50	1. 49	1. 48	1. 47	1. 46	1. 45	1. 44	1. 43	1. 42	1. 41	1. 41	1. 40	1. 39	1. 38	14

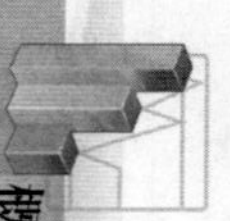

续表

n_2 \ n_1	1	2	3	4	5	6	7	8	9	10	12	15	20	24	30	40	60	120	∞	n_1 / n_2
15	1.43	1.52	1.52	1.51	1.49	1.48	1.47	1.46	1.46	1.45	1.44	1.43	1.41	1.41	1.40	1.39	1.38	1.37	1.36	15
16	1.42	1.51	1.51	1.50	1.48	1.47	1.46	1.45	1.44	1.44	1.43	1.41	1.40	1.39	1.38	1.37	1.36	1.35	1.34	16
17	1.42	1.51	1.50	1.49	1.47	1.46	1.45	1.44	1.43	1.43	1.41	1.40	1.39	1.38	1.37	1.36	1.35	1.34	1.33	17
18	1.41	1.50	1.49	1.48	1.46	1.45	1.44	1.43	1.42	1.42	1.40	1.39	1.38	1.37	1.36	1.35	1.34	1.33	1.32	18
19	1.41	1.49	1.49	1.47	1.46	1.44	1.43	1.42	1.41	1.41	1.40	1.38	1.37	1.36	1.35	1.34	1.33	1.32	1.30	19
20	1.40	1.49	1.48	1.47	1.45	1.44	1.43	1.42	1.41	1.40	1.39	1.37	1.36	1.35	1.34	1.33	1.32	1.31	1.29	20
21	1.40	1.48	1.48	1.46	1.44	1.43	1.42	1.41	1.40	1.39	1.38	1.37	1.35	1.34	1.33	1.32	1.31	1.30	1.28	21
22	1.40	1.48	1.47	1.45	1.44	1.42	1.41	1.40	1.39	1.39	1.37	1.36	1.34	1.33	1.32	1.31	1.30	1.29	1.28	22
23	1.39	1.47	1.47	1.45	1.43	1.42	1.41	1.40	1.39	1.38	1.37	1.38	1.34	1.33	1.32	1.31	1.30	1.28	1.27	23
24	1.39	1.47	1.46	1.44	1.43	1.41	1.40	1.39	1.38	1.38	1.36	1.35	1.33	1.32	1.31	1.30	1.29	1.28	1.26	24
25	1.39	1.47	1.46	1.44	1.42	1.41	1.40	1.39	1.38	1.37	1.36	1.34	1.33	1.32	1.31	1.29	1.28	1.27	1.25	25
26	1.38	1.46	1.45	1.44	1.42	1.41	1.39	1.38	1.37	1.37	1.35	1.34	1.32	1.31	1.30	1.29	1.28	1.26	1.25	26
27	1.38	1.46	1.45	1.43	1.42	1.40	1.39	1.38	1.37	1.36	1.35	1.33	1.32	1.31	1.30	1.28	1.27	1.26	1.24	27
28	1.38	1.46	1.45	1.43	1.41	1.40	1.39	1.38	1.37	1.36	1.34	1.33	1.31	1.30	1.29	1.28	1.27	1.25	1.24	28
29	1.38	1.45	1.45	1.43	1.41	1.40	1.38	1.37	1.36	1.35	1.34	1.32	1.31	1.30	1.29	1.27	1.26	1.25	1.23	29
30	1.38	1.45	1.44	1.42	1.41	1.39	1.38	1.37	1.36	1.35	1.34	1.32	1.30	1.29	1.28	1.27	1.26	1.24	1.23	30
40	1.36	1.44	1.42	1.40	1.39	1.37	1.36	1.35	1.34	1.33	1.31	1.30	1.28	1.26	1.25	1.24	1.22	1.21	1.19	40
60	1.35	1.42	1.41	1.38	1.37	1.35	1.33	1.32	1.31	1.30	1.29	1.27	1.25	1.24	1.22	1.21	1.19	1.17	1.15	60
120	1.34	1.40	1.39	1.37	1.35	1.33	1.31	1.30	1.29	1.28	1.26	1.24	1.22	1.21	1.19	1.18	1.16	1.13	1.10	120
∞	1.32	1.39	1.37	1.35	1.33	1.31	1.29	1.28	1.27	1.25	1.24	1.22	1.19	1.18	1.16	1.14	1.12	1.08	1.00	∞

$\alpha=0.10$

续表

n_2 \ n_1	1	2	3	4	5	6	7	8	9	10	15	20	30	50	100	200	500	∞	n_1 / n_2
1	39.9	49.5	53.6	55.8	57.2	58.2	58.9	59.4	59.9	60.2	61.2	61.7	62.3	62.7	63.0	63.2	63.3	63.3	1
2	8.53	9.00	9.16	9.24	9.29	9.33	9.35	9.37	9.38	9.39	9.42	9.44	9.46	9.47	9.48	9.49	9.49	9.49	2
3	5.54	5.46	5.39	5.34	5.31	5.28	5.27	5.25	5.24	5.23	5.20	5.18	5.17	5.15	5.14	5.14	5.14	5.13	3
4	4.54	4.32	4.19	4.11	4.05	4.01	3.98	3.95	3.94	3.92	3.87	3.84	3.82	3.80	3.78	3.77	3.76	3.76	4
5	4.06	3.78	3.62	3.52	3.45	3.40	3.37	3.34	3.32	3.30	3.24	3.21	3.17	3.15	3.13	3.12	3.11	3.10	5
6	3.78	3.46	3.29	3.18	3.11	3.05	3.01	2.98	2.96	2.94	2.87	2.84	2.80	2.77	2.75	2.73	2.73	2.72	6
7	3.59	3.26	3.07	2.96	2.88	2.83	2.78	2.75	2.72	2.70	2.63	2.59	2.56	2.52	2.50	2.48	2.48	2.47	7
8	3.46	3.11	2.92	2.81	2.73	2.67	2.62	2.59	2.56	2.54	2.46	2.42	2.38	2.35	2.32	2.31	2.30	2.29	8
9	3.36	3.01	2.81	2.69	2.61	2.55	2.51	2.47	2.44	2.42	2.34	2.30	2.25	2.22	2.19	2.17	2.17	2.16	9
10	3.28	2.92	2.73	2.61	2.52	2.46	2.41	2.38	2.35	2.32	2.24	2.20	2.16	2.12	2.09	2.07	2.06	2.06	10
11	3.23	2.86	2.66	2.54	2.45	2.39	2.34	2.30	2.27	2.25	2.17	2.12	2.08	2.04	2.00	1.99	1.98	1.97	11
12	3.18	2.81	2.61	2.48	2.39	2.33	2.28	2.24	2.21	2.19	2.10	2.06	2.01	1.97	1.94	1.92	1.91	1.90	12
13	3.14	2.76	2.56	2.43	2.35	2.28	2.23	2.20	2.16	2.14	2.05	2.01	1.96	1.92	1.88	1.86	1.85	1.85	13
14	3.10	2.73	2.52	2.39	2.31	2.24	2.19	2.15	2.12	2.10	2.01	1.96	1.91	1.87	1.83	1.82	1.80	1.80	14
15	3.07	2.70	2.49	2.36	2.27	2.21	2.16	2.12	2.09	2.06	1.97	1.92	1.87	1.83	1.79	1.77	1.76	1.76	15

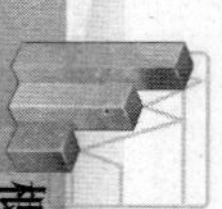

续表

n_2 \ n_1	1	2	3	4	5	6	7	8	9	10	15	20	30	50	100	200	500	∞	n_1 / n_2
16	3.05	2.67	2.46	2.33	2.24	2.18	2.13	2.09	2.06	2.03	1.94	1.89	1.84	1.79	1.76	1.74	1.73	1.72	16
17	3.03	2.64	2.44	2.31	2.22	2.15	2.10	2.06	2.03	2.00	1.91	1.86	1.81	1.76	1.73	1.71	1.69	1.69	17
18	3.01	2.62	2.42	2.29	2.20	2.13	2.08	2.04	2.00	1.98	1.89	1.84	1.78	1.74	1.70	1.68	1.67	1.66	18
19	2.99	2.61	2.40	2.27	2.18	2.11	2.06	2.02	1.98	1.96	1.86	1.81	1.76	1.71	1.67	1.65	1.64	1.63	19
20	2.97	2.59	2.38	2.25	2.16	2.09	2.04	2.00	1.96	1.94	1.84	1.79	1.74	1.69	1.65	1.63	1.62	1.61	20
22	2.95	2.56	2.35	2.22	2.13	2.06	2.01	1.97	1.93	1.90	1.81	1.76	1.70	1.65	1.61	1.59	1.58	1.57	22
24	2.93	2.54	2.33	2.19	2.10	2.04	1.98	1.94	1.91	1.88	1.78	1.73	1.67	1.62	1.58	1.56	1.54	1.53	24
26	2.91	2.52	2.31	2.17	2.08	2.01	1.96	1.92	1.88	1.86	1.76	1.71	1.65	1.59	1.55	1.53	1.51	1.50	26
28	2.89	2.50	2.29	2.16	2.06	2.00	1.94	1.90	1.87	1.84	1.74	1.69	1.63	1.57	1.53	1.50	1.49	1.48	28
30	2.88	2.49	2.28	2.14	2.05	1.98	1.93	1.88	1.85	1.82	1.72	1.67	1.61	1.55	1.51	1.48	1.47	1.46	30
40	2.84	2.44	2.23	2.09	2.00	1.93	1.87	1.83	1.79	1.76	1.66	1.61	1.54	1.48	1.43	1.41	1.39	1.38	40
50	2.81	2.41	2.20	2.06	1.97	1.90	1.84	1.80	1.76	1.73	1.63	1.57	1.50	1.44	1.39	1.36	1.34	1.33	50
60	2.79	2.39	2.18	2.04	1.95	1.87	1.82	1.77	1.74	1.71	1.60	1.54	1.48	1.41	1.36	1.33	1.31	1.29	60
80	2.77	2.37	2.15	2.02	1.92	1.85	1.79	1.75	1.71	1.68	1.57	1.51	1.44	1.38	1.32	1.28	1.26	1.24	80
100	2.76	2.36	2.14	2.00	1.91	1.83	1.78	1.73	1.70	1.66	1.56	1.49	1.42	1.35	12.29	1.26	1.23	1.21	100
200	2.73	2.33	2.11	1.97	1.88	1.80	1.75	1.70	1.66	1.63	1.52	1.46	1.38	1.31	1.24	1.20	1.17	1.14	200
500	2.72	2.31	2.10	1.96	1.86	1.79	1.73	1.68	1.64	1.61	1.50	1.44	1.36	1.28	1.21	1.16	1.12	1.09	500
∞	2.71	2.30	2.08	1.94	1.85	1.77	1.72	1.67	1.63	1.60	1.49	1.42	1.34	1.26	1.18	1.13	1.08	1.00	∞

$\alpha=0.05$

续表

n_2 \ n_1	1	2	3	4	5	6	7	7	9	10	12	14	16	18	20	n_1 / n_2
1	161	200	216	255	230	234	237	239	241	242	244	245	246	247	248	1
2	18.5	19.0	19.2	19.2	19.3	19.3	19.4	19.4	19.4	19.4	19.4	19.4	19.4	19.4	19.4	2
3	10.1	9.55	9.28	9.12	9.01	8.94	8.89	8.85	8.81	8.79	8.74	8.71	8.69	8.67	8.66	3
4	7.71	6.94	6.59	6.39	6.26	6.16	6.09	6.04	6.00	5.96	5.91	5.87	5.84	5.82	5.80	4
5	6.61	5.79	5.41	5.19	5.05	4.95	4.88	4.82	4.77	4.74	4.68	4.64	4.60	4.58	4.56	5
6	5.99	5.14	4.76	4.53	4.39	4.28	4.21	4.15	4.10	4.06	4.00	3.96	3.92	3.90	3.87	6
7	5.59	4.74	4.35	4.12	3.97	3.98	3.79	3.73	3.68	3.64	3.57	3.53	3.49	3.47	3.44	7
8	5.32	4.46	4.07	3.84	3.69	3.58	3.50	3.44	3.39	3.35	3.28	3.24	3.20	3.17	3.15	8
9	5.12	4.26	3.86	3.63	3.48	3.37	3.29	3.23	3.18	3.14	3.07	3.03	2.99	2.96	2.94	9
10	4.96	4.10	3.71	3.48	3.33	3.22	3.14	3.07	3.02	2.98	2.91	2.86	2.83	2.80	2.77	10
11	4.84	3.98	3.59	3.36	3.20	3.09	3.01	2.95	2.90	2.85	2.79	2.74	2.70	2.67	2.65	11
12	4.75	3.89	3.49	3.26	3.11	3.00	2.91	2.85	2.80	2.75	2.69	2.64	2.60	2.57	2.54	12
13	4.67	3.81	3.41	3.18	3.03	2.92	2.83	2.77	2.71	2.67	2.60	2.55	2.51	2.48	2.46	13
14	4.60	3.74	3.34	3.11	2.96	2.85	2.76	2.70	2.65	2.60	2.53	2.48	2.44	2.41	2.39	14
15	4.54	3.68	3.29	3.06	2.90	2.79	2.71	2.64	2.59	2.54	2.48	2.42	2.38	2.35	2.33	15
16	4.49	3.63	3.24	3.01	2.85	2.74	2.66	2.59	2.54	2.49	2.42	2.37	2.33	2.30	2.28	16
17	4.45	3.59	3.20	2.96	2.81	2.70	2.61	2.55	2.49	2.45	2.38	2.33	2.29	2.26	2.23	17
18	4.41	3.55	3.16	2.93	2.77	2.66	2.58	2.51	2.46	2.41	2.34	2.29	2.25	2.22	2.19	18
19	4.38	3.52	3.13	2.90	2.74	2.63	2.54	2.48	2.42	2.38	2.31	2.26	2.21	2.18	2.16	19
20	4.35	3.49	3.10	2.87	2.71	2.60	2.51	2.45	2.39	2.35	2.28	2.22	2.18	2.15	2.12	20
21	4.32	3.47	3.07	2.84	2.68	2.57	2.49	2.42	2.37	2.32	2.25	2.20	2.16	2.12	2.10	21
22	4.30	3.44	3.05	2.82	2.66	2.55	2.46	2.40	2.34	2.30	2.23	2.17	2.13	2.10	2.07	22
23	4.28	3.42	3.03	2.80	2.64	2.53	2.44	2.37	2.32	2.27	2.20	2.15	2.11	2.07	2.05	23
24	4.26	3.40	3.01	2.78	2.62	2.51	2.42	2.36	2.30	2.25	2.18	2.13	2.09	2.05	2.03	24
25	4.24	3.39	2.99	2.76	2.60	2.49	2.40	2.34	2.28	2.24	2.16	2.11	2.07	2.04	2.01	25

续表

n_2 \ n_1	1	2	3	4	5	6	7	8	9	10	12	14	16	18	20	n_1 / n_2
26	4.23	3.37	2.98	2.74	2.59	2.47	2.39	2.32	2.27	2.22	2.15	2.09	2.05	2.02	1.99	26
27	4.21	3.35	2.96	2.73	2.57	2.46	2.37	2.31	2.25	2.20	2.13	2.08	2.04	2.00	1.97	27
28	4.20	3.34	2.95	2.71	2.56	2.45	2.36	2.29	2.24	2.19	2.12	2.06	2.02	1.99	1.96	28
29	4.18	3.33	2.93	2.70	2.55	2.43	2.35	2.28	2.22	2.18	2.10	2.05	2.01	1.97	1.94	29
30	4.17	3.32	2.92	2.69	2.53	2.42	2.33	2.27	2.21	2.16	2.09	2.04	1.99	1.96	1.93	30
32	4.15	3.29	2.90	2.67	2.51	2.40	2.31	2.24	2.19	2.14	2.07	2.01	1.97	1.94	1.91	32
34	4.13	3.28	2.88	2.65	2.49	2.38	2.29	2.23	2.17	2.12	2.05	1.99	1.95	1.92	1.89	34
36	4.11	3.26	2.87	2.63	2.48	2.36	2.28	2.21	2.15	2.11	2.03	1.98	1.93	1.90	1.87	36
38	4.10	3.24	2.85	2.62	2.46	2.35	2.26	2.19	2.14	2.09	2.02	1.96	1.92	1.88	1.85	38
40	4.08	3.23	2.84	2.61	2.45	2.34	2.25	2.18	2.12	2.08	2.00	1.95	1.90	1.87	1.84	40
42	4.07	3.22	2.83	2.59	2.44	2.32	2.24	2.17	2.11	2.06	1.99	1.93	1.89	1.86	1.83	42
44	4.06	3.21	2.82	2.58	2.43	2.31	2.23	2.16	2.10	2.05	1.98	1.92	1.88	1.84	1.81	44
46	4.05	3.20	2.81	2.57	2.42	2.30	2.22	2.15	2.09	2.04	1.97	1.91	1.87	1.83	1.80	46
48	4.04	3.19	2.80	2.57	2.41	2.29	2.21	2.14	2.08	2.03	1.96	1.90	1.86	1.82	1.79	48
50	4.03	3.18	2.79	2.56	2.40	2.29	2.20	2.13	2.07	2.03	1.95	1.89	1.85	1.81	1.78	50
60	4.00	3.15	2.76	2.53	2.37	2.25	2.17	2.10	2.04	1.99	1.92	1.86	1.82	1.78	1.75	60
80	3.96	3.11	2.72	2.49	2.33	2.21	2.13	2.06	2.00	1.95	1.88	1.82	1.77	1.73	1.70	80
100	3.94	3.09	2.70	2.46	2.31	2.19	2.10	2.03	1.97	1.93	1.85	1.79	1.75	1.71	1.68	100
125	3.92	3.07	2.68	2.44	2.29	2.17	2.08	2.01	1.96	1.91	1.83	1.77	1.72	1.69	1.65	125
150	3.90	3.06	2.66	2.43	2.27	2.16	2.07	2.00	1.94	1.89	1.82	1.76	1.71	1.67	1.64	150
200	3.89	3.04	2.65	2.42	2.26	2.14	2.06	1.98	1.93	1.88	1.80	1.74	1.69	1.66	1.62	200
300	3.87	3.03	2.63	2.40	2.24	2.13	2.04	1.97	1.91	1.86	1.78	1.72	1.68	1.64	1.61	300
500	3.86	3.01	2.62	2.39	2.23	2.12	2.03	1.96	1.90	1.85	1.77	1.71	1.66	1.62	1.59	500
1000	3.85	3.00	2.61	2.38	2.22	2.11	2.02	1.95	1.89	1.84	1.76	1.70	1.65	1.61	1.58	1000
∞	3.84	3.00	2.60	2.37	2.21	2.10	2.01	1.94	1.88	1.83	1.75	1.69	1.64	1.60	1.57	∞

$\alpha=0.05$

续表

n_2 \ n_1	22	24	26	28	30	35	40	45	50	60	80	100	200	500	∞	n_1 / n_2
1	249	249	249	250	250	251	251	251	252	252	252	253	254	254	254	1
2	19.5	19.5	19.5	19.5	19.5	19.5	19.5	19.5	19.5	19.5	19.5	19.5	19.5	19.5	19.5	2
3	8.65	8.64	8.63	8.62	8.62	8.60	8.59	8.59	8.58	8.57	8.56	8.55	8.54	8.53	8.53	3
4	5.79	5.77	5.76	5.75	5.75	5.73	5.72	5.71	5.70	5.69	5.67	5.66	5.65	5.64	5.63	4
5	4.54	4.53	4.52	4.50	4.50	4.48	4.46	4.45	4.44	4.43	4.41	4.41	4.39	4.37	4.37	5
6	3.86	3.84	3.83	3.82	3.81	3.79	3.77	3.76	3.75	3.74	3.72	3.71	3.69	3.68	3.67	6
7	3.43	3.41	3.40	3.39	3.38	3.36	3.34	3.33	3.32	3.30	3.29	3.27	3.25	3.24	3.23	7
8	3.13	3.12	3.10	3.09	3.08	3.06	3.04	3.03	3.02	3.01	2.99	2.97	2.95	2.94	2.93	8
9	2.92	2.90	2.89	2.87	2.86	2.84	2.83	2.81	2.80	2.79	2.77	2.76	2.73	2.72	2.71	9
10	2.75	2.74	2.72	2.71	2.70	2.68	2.66	2.65	2.64	2.62	2.60	2.59	2.56	2.55	2.54	10
11	2.63	2.61	2.59	2.58	2.57	2.55	2.53	2.52	2.51	2.49	2.47	2.46	2.43	2.42	2.40	11
12	2.52	2.51	2.49	2.48	2.47	2.44	2.43	2.41	2.40	2.38	2.36	2.35	2.32	2.31	2.30	12
13	2.44	2.42	2.41	2.39	2.38	2.36	2.34	2.33	2.31	2.30	2.27	2.26	2.23	2.22	2.21	13
14	2.37	2.35	2.33	2.32	2.31	2.28	2.27	2.25	2.24	2.22	2.20	2.19	2.16	2.14	2.13	14
15	2.31	2.29	2.27	2.26	2.25	2.22	2.20	2.19	2.18	2.16	2.14	2.12	2.10	2.08	2.07	15
16	2.25	2.24	2.22	2.21	2.19	2.17	2.15	2.14	2.12	2.11	2.08	2.07	2.04	2.02	2.01	16
17	2.21	2.19	2.17	2.16	2.15	2.12	2.10	2.09	2.08	2.06	2.03	2.02	1.99	1.97	1.96	17
18	2.17	2.15	2.13	2.12	2.11	2.08	2.06	2.05	2.04	2.02	1.99	1.98	1.95	1.93	1.92	18
19	2.13	2.11	2.10	2.08	2.07	2.05	2.03	2.01	2.00	1.98	1.96	1.94	1.91	1.89	1.88	19
20	2.10	2.08	2.07	2.05	2.04	2.01	1.99	1.98	1.97	1.95	1.92	1.91	1.88	1.86	1.84	20
21	2.07	2.05	2.04	2.02	2.01	1.98	1.96	1.95	1.94	1.92	1.89	1.88	1.84	1.82	1.81	21
22	2.05	2.03	2.01	2.00	1.98	1.96	1.94	1.92	1.91	1.89	1.86	1.85	1.82	1.80	1.78	22
23	2.02	2.00	1.99	1.97	1.96	1.93	1.91	1.90	1.88	1.86	1.84	1.82	1.79	1.77	1.76	23
24	2.00	1.98	1.97	1.95	1.94	1.91	1.89	1.88	1.86	1.84	1.82	1.80	1.77	1.75	1.73	24
25	1.98	1.96	1.95	1.93	1.92	1.89	1.87	1.86	1.84	1.82	1.80	1.78	1.75	1.73	1.71	25

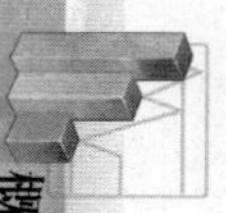

续表

n_2 \ n_1	22	24	26	28	30	35	40	45	50	60	80	100	200	500	∞	n_1 / n_2
26	1.97	1.95	1.93	1.91	1.90	1.87	1.85	1.84	1.82	1.80	1.78	1.76	1.73	1.71	1.69	26
27	1.95	1.93	1.91	1.90	1.88	1.86	1.84	1.82	1.81	1.79	1.76	1.74	1.71	1.69	1.67	27
28	1.93	1.91	1.90	1.88	1.87	1.84	1.82	1.80	1.79	1.77	1.74	1.73	1.69	1.67	1.65	28
29	1.92	1.90	1.88	1.87	1.85	1.83	1.81	1.79	1.77	1.75	1.73	1.71	1.67	1.65	1.64	29
30	1.91	1.89	1.87	1.85	1.84	1.81	1.79	1.77	1.76	1.74	1.71	1.70	1.66	1.64	1.62	30
32	1.88	1.86	1.85	1.83	1.82	1.79	1.77	1.75	1.74	1.71	1.69	1.67	1.63	1.61	1.59	32
34	1.86	1.84	1.82	1.80	1.80	1.77	1.75	1.73	1.71	1.69	1.66	1.65	1.61	1.59	1.57	34
36	1.85	1.82	1.81	1.79	1.78	1.75	1.73	1.71	1.69	1.67	1.64	1.62	1.59	1.56	1.55	36
38	1.83	1.81	1.79	1.77	1.76	1.73	1.71	1.69	1.68	1.65	1.62	1.61	1.57	1.54	1.53	38
40	1.81	1.79	1.77	1.76	1.74	1.72	1.69	1.67	1.66	1.64	1.61	1.59	1.55	1.53	1.51	40
42	1.80	1.78	1.76	1.74	1.73	1.70	1.68	1.66	1.65	1.62	1.59	1.57	1.53	1.51	1.49	42
44	1.79	1.77	1.75	1.73	1.72	1.69	1.67	1.65	1.63	1.61	1.58	1.56	1.52	1.49	1.48	44
46	1.78	1.76	1.74	1.72	1.71	1.68	1.65	1.64	1.62	1.60	1.57	1.55	1.51	1.48	1.46	46
48	1.77	1.75	1.73	1.71	1.70	1.67	1.64	1.62	1.61	1.59	1.56	1.54	1.49	1.47	1.45	48
50	1.76	1.74	1.72	1.70	1.69	1.66	1.63	1.61	1.60	1.58	1.54	1.52	1.48	1.46	1.44	50
60	1.72	1.70	1.68	1.66	1.65	1.62	1.59	1.57	1.56	1.53	1.50	1.48	1.44	1.41	1.39	60
80	1.68	1.65	1.63	1.62	1.60	1.57	1.54	1.52	1.51	1.48	1.45	1.43	1.38	1.35	1.32	80
100	1.65	1.63	1.61	1.59	1.57	1.54	1.52	1.49	1.48	1.45	1.41	1.39	1.34	1.31	1.28	100
125	1.63	1.60	1.58	1.57	1.55	1.52	1.49	1.47	1.45	1.42	1.39	1.36	1.31	1.27	1.25	125
150	1.61	1.59	1.57	1.55	1.53	1.50	1.48	1.45	1.44	1.41	1.37	1.34	1.29	1.25	1.22	150
200	1.60	1.57	1.55	1.53	1.52	1.48	1.46	1.43	1.41	1.39	1.35	1.32	1.26	1.22	1.19	200
300	1.58	1.55	1.53	1.51	1.50	1.46	1.43	1.41	1.39	1.36	1.32	1.30	1.23	1.19	1.15	300
500	1.56	1.54	1.52	1.50	1.48	1.45	1.42	1.40	1.38	1.34	1.30	1.28	1.21	1.16	1.11	500
1000	1.55	1.53	1.51	1.49	1.47	1.44	1.41	1.38	1.36	1.33	1.29	1.26	1.19	1.13	1.08	1000
∞	1.54	1.52	1.50	1.48	1.46	1.42	1.39	1.37	1.35	1.32	1.27	1.24	1.17	1.11	1.00	∞

$\alpha=0.01$　　续表

n_2 \ n_1	1	2	3	4	5	6	7	8	9	10	12	14	16	18	20	n_1 / n_2
1	405	500	540	563	576	586	593	598	602	606	611	614	617	619	621	1
2	98.5	99.0	99.2	99.2	99.3	99.3	99.4	99.4	99.4	99.4	99.4	99.4	99.4	99.4	99.4	2
3	34.1	30.8	29.5	28.7	28.2	27.9	27.7	27.5	27.3	27.2	27.1	26.9	26.8	26.8	26.7	3
4	21.2	18.0	16.7	16.0	15.5	15.2	15.0	14.8	14.7	14.5	14.4	14.2	14.2	14.1	14.0	4
5	16.3	13.3	12.1	11.4	11.0	10.7	10.5	10.3	10.2	10.1	9.89	9.77	9.68	9.61	9.55	5
6	13.7	10.9	9.78	9.15	8.75	8.47	8.26	8.10	7.98	7.87	7.72	7.60	7.52	7.45	7.40	6
7	12.2	9.55	8.45	7.85	7.46	7.19	6.99	6.84	6.72	6.62	6.47	6.36	6.27	6.21	6.16	7
8	11.3	8.65	7.59	7.01	6.63	6.37	6.18	6.03	5.91	5.81	5.67	5.56	5.48	5.41	5.36	8
9	10.6	8.02	6.99	6.42	6.06	5.80	5.61	5.47	5.35	5.26	5.11	5.00	4.92	4.86	4.81	9
10	10.0	7.56	6.55	5.99	5.64	5.39	5.20	5.06	4.94	4.85	4.71	4.60	4.52	4.46	4.41	10
11	9.65	7.21	6.22	5.67	5.32	5.07	4.89	4.74	4.63	4.54	4.40	4.29	4.21	4.15	4.10	11
12	9.33	6.93	5.95	5.41	5.06	4.82	4.64	4.50	4.39	4.30	4.16	4.05	3.97	3.91	3.86	12
13	9.07	6.70	5.74	5.21	4.86	4.62	4.44	4.30	4.19	4.10	3.96	3.86	3.78	3.71	3.66	13
14	8.86	6.51	5.56	5.04	4.70	4.46	4.28	4.14	4.03	3.94	3.80	3.70	6.62	3.56	3.51	14
15	8.68	6.36	5.42	4.89	4.56	4.32	4.14	4.00	3.89	3.80	3.67	3.56	3.49	3.42	3.37	15
16	8.53	6.23	5.29	4.77	4.44	4.20	4.03	3.89	3.78	3.69	3.55	3.45	3.37	3.31	3.26	16
17	8.40	6.11	5.18	4.67	4.34	4.10	3.93	3.79	3.68	3.59	3.46	3.35	3.27	3.21	3.16	17
18	8.29	6.01	5.09	4.58	4.25	4.01	3.84	3.71	3.60	3.51	3.37	3.27	3.19	3.13	3.08	18
19	8.18	5.93	5.01	4.50	4.17	3.94	3.77	3.63	3.52	3.43	3.30	3.19	3.12	3.05	3.00	19
20	8.10	5.85	4.94	4.43	4.10	3.87	3.70	3.56	3.46	3.37	3.23	3.13	3.05	2.99	2.94	20
21	8.02	5.78	4.87	4.37	4.04	3.81	3.64	3.51	3.40	3.31	3.17	3.07	2.99	2.93	2.88	21
22	7.95	5.72	4.82	4.31	3.99	3.76	3.59	3.45	3.35	3.26	3.12	3.02	2.94	2.88	2.83	22
23	7.88	5.66	4.76	4.26	3.94	3.71	3.54	3.41	3.30	3.21	3.07	2.97	2.89	2.83	2.78	23
24	7.82	5.61	4.72	4.22	3.90	3.67	3.50	3.36	3.26	3.17	3.03	2.93	2.85	2.79	2.74	24
25	7.77	5.57	4.68	4.18	3.86	3.63	3.46	3.32	3.22	3.13	2.99	2.89	2.81	2.75	2.70	25

续表

n_2 \ n_1	1	2	3	4	5	6	7	8	9	10	12	14	16	18	20	n_1 / n_2
26	7.72	5.53	4.64	4.14	3.82	3.59	3.42	3.29	3.18	3.09	2.96	2.86	2.78	2.72	2.66	26
27	7.68	5.49	4.60	4.11	3.78	3.56	3.39	3.26	3.15	3.06	2.93	2.82	2.75	2.68	2.63	27
28	7.64	5.45	4.57	4.07	3.75	3.53	3.36	3.23	3.12	3.03	2.90	2.79	2.72	2.65	2.60	28
29	7.60	5.42	4.54	4.04	3.73	3.50	3.33	3.20	3.09	3.00	2.87	2.77	2.69	2.62	2.57	29
30	7.56	5.39	4.51	4.02	3.70	3.47	3.30	3.17	3.07	2.98	2.84	2.74	2.66	2.60	2.55	30
32	7.50	5.34	4.46	3.97	3.65	3.43	3.26	3.13	3.02	2.93	2.80	2.70	2.62	2.55	2.50	32
34	7.44	5.29	4.42	3.93	3.61	3.39	3.22	3.09	2.98	2.89	2.76	2.66	2.58	2.51	2.46	34
36	7.40	5.25	4.38	3.89	3.57	3.35	3.18	3.05	2.95	2.86	2.72	2.62	2.54	2.48	2.43	36
38	7.35	5.21	4.34	3.86	3.54	3.32	3.15	3.02	2.92	2.83	2.69	2.59	2.51	2.45	2.40	38
40	7.31	5.18	4.31	3.83	3.51	3.29	3.12	2.99	2.89	2.80	2.66	2.56	2.48	2.42	2.37	40
42	7.28	5.15	4.29	3.80	3.49	3.27	3.10	2.97	2.86	2.78	2.64	2.54	2.46	2.40	2.34	42
44	7.25	5.12	4.26	3.78	3.47	3.24	3.08	2.95	2.84	2.75	2.62	2.52	2.44	2.37	2.32	44
46	7.22	5.10	4.24	3.76	3.44	3.22	3.06	2.93	2.82	2.73	2.60	2.50	2.42	2.35	2.30	46
48	7.20	5.08	4.22	3.74	3.43	3.20	3.04	2.91	2.80	2.72	2.58	2.48	2.40	2.33	2.28	48
50	7.17	5.06	4.20	3.72	3.41	3.19	3.02	2.89	2.79	2.70	2.56	2.46	2.38	2.32	2.27	50
60	7.08	4.98	4.13	3.65	3.34	3.12	2.95	2.82	2.72	2.63	2.50	2.39	2.31	2.25	2.20	60
80	6.96	4.88	4.04	3.56	3.26	3.04	2.87	2.74	2.64	2.55	2.42	2.31	2.23	2.27	2.12	80
100	6.90	4.82	3.98	3.51	3.21	2.99	2.82	2.69	2.59	2.50	2.37	2.26	2.19	2.12	2.07	100
125	6.84	4.78	3.94	3.47	3.17	2.95	2.79	2.66	2.55	2.47	2.33	2.23	2.15	2.08	2.03	125
150	6.81	4.75	3.92	3.45	3.14	2.92	2.76	2.63	2.53	2.44	2.31	2.20	2.12	2.06	2.00	150
200	6.76	4.71	3.88	3.41	3.11	2.89	2.73	2.60	2.50	2.41	2.27	2.17	2.09	2.02	1.97	200
300	6.72	4.68	3.85	3.38	3.08	2.86	2.70	2.57	2.47	2.38	2.24	2.14	2.06	1.99	1.94	300
500	6.69	4.65	3.82	3.36	3.05	2.84	2.68	2.55	2.44	2.36	2.22	2.12	2.04	1.97	1.92	500
1000	6.66	4.63	3.80	3.34	3.04	2.82	2.66	2.53	2.43	2.34	2.20	2.10	2.02	1.95	1.90	1000
∞	6.63	4.61	3.78	3.32	3.02	2.80	2.64	2.51	2.41	2.32	2.18	2.08	2.00	1.93	1.88	∞

$\alpha=0.01$

续表

n_2 \ n_1	22	24	26	28	30	35	40	45	50	60	80	100	200	500	∞	n_1 / n_2
1	622	623	624	625	626	628	629	630	630	631	633	633	635	636	637	1
2	99.5	99.5	99.5	99.5	99.5	99.5	99.5	99.5	99.5	99.5	99.5	99.5	99.5	99.5	99.5	2
3	26.6	26.6	26.6	26.5	26.5	26.5	26.4	26.4	26.4	26.3	26.3	26.2	26.2	26.1	26.1	3
4	14.0	13.9	13.9	13.9	13.8	13.8	13.7	13.7	13.7	13.7	13.6	13.6	13.5	13.5	13.5	4
5	9.51	9.47	9.43	9.40	9.38	9.33	9.29	9.26	9.24	9.20	9.16	9.13	9.08	9.04	9.02	5
6	7.35	7.31	7.28	7.25	7.23	7.18	7.14	7.11	7.09	7.06	7.01	6.99	6.93	6.90	6.88	6
7	6.11	6.07	6.04	6.02	5.99	5.94	5.91	5.88	5.86	5.82	5.78	5.75	5.70	5.67	5.65	7
8	5.32	5.28	5.25	5.22	5.20	5.15	5.12	5.00	5.07	5.03	4.99	4.96	4.91	4.88	4.86	8
9	4.77	4.73	4.70	4.67	4.65	4.60	4.57	4.54	4.52	4.48	4.44	4.42	4.36	4.33	4.31	9
10	4.36	4.33	4.30	4.27	4.25	4.20	4.17	4.14	4.12	4.08	4.04	4.01	3.96	3.93	3.91	10
11	4.06	4.02	3.99	3.96	3.94	3.89	3.86	3.83	3.81	3.78	3.73	3.71	3.66	3.62	3.60	11
12	3.82	3.78	3.75	3.72	3.70	3.65	3.62	3.59	3.57	3.54	3.49	3.47	3.41	3.38	3.36	12
13	3.62	3.59	3.56	3.53	3.51	3.46	3.43	3.40	3.38	3.34	3.30	3.27	3.22	3.19	3.17	13
14	3.46	3.43	3.40	3.37	3.35	3.30	3.27	3.24	3.22	3.18	3.14	3.11	3.06	3.03	3.00	14
15	3.33	3.29	3.26	3.24	3.21	3.17	3.13	3.10	3.08	3.05	3.00	2.98	2.92	2.89	2.87	15
16	3.22	3.18	3.15	3.12	3.10	3.05	3.02	2.99	2.97	2.93	2.89	2.86	2.81	2.78	2.75	16
17	3.12	3.08	3.05	3.03	3.00	2.96	2.92	2.89	2.87	2.83	2.79	2.76	2.71	2.68	2.65	17
18	3.03	3.00	2.97	2.94	2.92	2.87	2.84	2.81	2.78	2.75	2.70	2.68	2.62	2.59	2.57	18
19	2.96	2.92	2.89	2.87	2.84	2.80	2.76	2.73	2.71	2.67	2.63	2.60	2.55	2.51	2.49	19
20	2.90	2.86	2.83	2.80	2.78	2.73	2.69	2.67	2.64	2.61	2.56	2.54	2.48	2.44	2.42	20
21	2.84	2.80	2.77	2.74	2.72	2.67	2.64	2.61	2.58	2.55	2.50	2.48	2.42	2.38	2.36	21
22	2.78	2.75	2.72	2.69	2.67	2.62	2.58	2.55	2.53	2.50	2.45	2.42	2.36	2.33	2.31	22
23	2.74	2.70	2.67	2.64	2.62	2.57	2.54	2.51	2.48	2.45	2.40	2.37	2.32	2.28	2.26	23
24	2.70	5.66	2.63	2.60	2.58	2.53	2.49	2.46	2.44	2.40	2.36	2.33	2.24	2.24	2.21	24
25	2.66	2.62	2.59	2.56	2.54	2.49	2.45	2.42	2.40	2.36	2.32	2.29	2.23	2.19	2.17	25

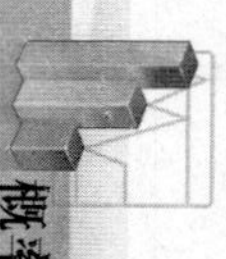

续表

n_2 \ n_1	22	24	26	28	30	35	40	45	50	60	80	100	200	500	∞	n_1 / n_2
26	2.62	2.58	2.55	2.53	2.50	2.45	2.42	2.39	2.36	2.33	2.28	2.25	2.19	2.16	2.13	26
27	2.59	2.55	2.52	2.49	2.47	2.42	2.38	2.35	2.33	2.29	2.25	2.22	2.16	2.12	2.10	27
28	2.56	2.52	2.49	2.46	2.44	2.39	2.35	2.32	2.30	2.26	2.22	2.19	2.13	2.09	2.06	28
29	2.53	2.49	2.46	2.44	2.41	2.36	2.33	2.30	2.27	2.23	2.19	2.16	2.10	2.06	2.03	29
30	2.51	2.47	2.44	2.41	2.39	2.34	2.30	2.27	2.25	2.21	2.16	2.13	2.07	2.03	2.01	30
32	2.46	2.42	2.39	2.36	2.34	2.29	2.25	2.22	2.20	2.16	2.11	2.08	2.02	1.98	1.96	32
34	2.42	2.38	2.35	2.32	2.30	2.25	2.21	2.18	2.16	2.12	2.07	2.04	1.98	1.94	1.91	34
36	2.38	2.35	2.32	2.29	2.26	2.21	2.17	2.14	2.12	2.08	2.03	2.00	1.94	1.90	1.87	36
38	2.35	2.32	2.28	2.26	2.23	2.18	2.14	2.11	2.09	2.05	2.00	1.97	1.90	1.86	1.84	38
40	2.33	2.29	2.26	2.23	2.20	2.15	2.11	2.08	2.06	2.02	1.97	1.94	1.87	1.83	1.80	40
42	2.30	2.26	2.23	2.20	2.18	2.13	2.09	2.06	2.03	1.99	1.94	1.91	1.85	1.80	1.78	42
44	2.28	2.24	2.21	2.18	2.15	2.10	2.06	2.03	2.01	1.97	1.92	1.89	1.82	1.78	1.75	44
46	2.26	2.22	2.19	2.16	2.13	2.08	2.04	2.01	1.99	1.95	1.90	4.86	1.80	1.75	1.73	46
48	2.24	2.20	2.17	2.14	2.12	2.06	2.02	1.99	1.97	1.93	1.88	1.84	1.78	1.73	1.70	48
50	2.22	2.18	2.15	2.12	2.10	2.05	2.01	1.97	1.95	1.91	1.86	1.82	1.76	1.71	1.68	50
60	2.15	2.12	2.08	2.05	2.03	1.98	1.94	1.90	1.88	1.84	1.78	1.75	1.68	1.63	1.60	60
80	2.07	2.03	2.00	1.97	1.94	1.89	1.85	1.81	1.79	1.75	1.69	1.66	1.58	1.53	1.49	80
100	2.02	1.98	1.94	1.92	1.89	1.84	1.80	1.76	1.73	1.69	1.63	1.60	1.52	1.47	1.43	100
125	1.98	1.94	1.91	1.88	1.85	1.80	1.76	1.72	1.69	1.65	1.59	1.55	1.47	1.41	1.37	125
150	1.96	1.92	1.88	1.85	1.83	1.77	1.73	1.69	1.66	1.62	1.56	1.52	1.43	1.38	1.33	150
200	1.93	1.89	1.85	1.82	1.79	1.74	1.69	1.66	1.63	1.58	1.52	1.48	1.39	1.33	1.28	200
300	1.89	1.85	1.82	1.79	1.76	1.71	1.66	1.62	1.59	1.55	1.48	1.44	1.35	1.28	1.22	300
500	1.87	1.83	1.79	1.76	1.74	1.68	1.63	1.60	1.56	1.52	1.45	1.41	1.31	1.23	1.16	500
1000	1.85	1.81	1.77	1.74	1.72	1.66	1.61	1.57	1.54	1.50	1.43	1.38	1.28	1.19	1.11	1000
∞	1.83	1.79	1.76	1.72	1.70	1.64	1.59	1.55	1.52	1.47	1.40	1.36	1.25	1.15	1.00	∞

附表 6　二项分布

$$P\{X \leqslant m\} = \sum_{k=1}^{M} C_n^k p^k (1-p)^{n-k}$$

n	m	p												
		.001	.002	.003	.005	.01	.02	.03	.05	.10	.15	.20	.25	.30
2	0	.9980	.9960	.9940	.9900	.9801	.9604	.9409	.9025	.8100	.7225	.6400	.5625	.4900
	1	1.0000	1.0000	1.0000	1.0000	.9999	.9996	.9991	.9975	.9900	.9775	.9600	.9375	.9100
3	0	.9970	.9940	.9910	.9851	.9703	.9412	.9127	.8574	.7290	.6141	.5120	.4219	.3430
	1	1.0000	1.0000	1.0000	.9999	.9997	.9988	.9974	.9928	.9720	.9392	.8960	.8438	.7840
	2				1.0000	1.0000	1.0000	1.0000	.9999	.9990	.9966	.9920	.9844	.9730
4	0	.9960	.9920	.9881	.9801	.9606	.9224	.8853	.8145	.6561	.5220	.4096	.3164	.2401
	1	1.0000	1.0000	.9999	.9990	.9994	.9977	.9948	.9860	.9477	.8905	.8192	.7383	.6517
	2			1.0000	1.0000	1.0000	1.0000	.9999	.9995	.9963	.9880	.9728	.9492	.9163
	3							1.0000	1.0000	.9999	.9995	.9984	.9961	.9919
5	0	.9950	.9900	.9851	.9752	.9510	.9039	.8587	.7738	.5905	.4437	.3277	.2373	.1681
	1	1.0000	1.0000	.9999	.9998	.9990	.9962	.9915	.9774	.9185	.8352	.7373	.6328	.5282
	2			1.0000	1.0000	1.0000	.9999	.9997	.9988	.9914	.9734	.9421	.8965	.8369
	3						1.0000	1.0000	1.0000	.9995	.9978	.9933	.9844	.9692
	4									1.0000	.9999	.9997	.9990	.9976
6	0	.9940	.9881	.9821	.9704	.9415	.8858	.8330	.7351	.5314	.3771	.2621	.1780	.1176
	1	1.0000	.9999	.9999	.9996	.9985	.9943	.9875	.9672	.8857	.7765	.6553	.5339	.4202
	2		1.0000	1.0000	1.0000	1.0000	.9998	.9995	.9978	.9842	.9527	.9011	.8306	.7443
	3						1.0000	1.0000	.9999	.9987	.9941	.9830	.9624	.9295
	4								1.0000	.9999	.9996	.9984	.9954	.9891
	5									1.0000	1.0000	.9999	.9998	.9993

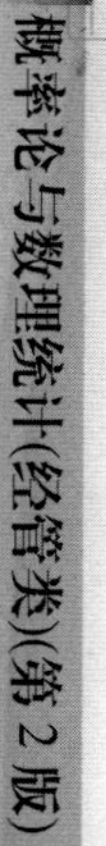

续表

n	m	p												
		.001	.002	.003	.005	.01	.02	.03	.05	.10	.15	.20	.25	.30
7	0	.9930	.9861	.9792	.9655	.9321	.8681	.8080	.6983	.4783	.3206	.2097	.1335	.0824
	1	1.0000	.9999	.9998	.9995	.9980	.9921	.9829	.9556	.8503	.7166	.5767	.4449	.3294
	2		1.0000	1.0000	1.0000	1.0000	.9997	.9991	.9962	.9743	.9262	.8520	.7564	.6471
	3						1.0000	1.0000	.9998	.9973	.9879	.9667	.9291	.8740
	4								1.0000	.9998	.9988	.9953	.9871	.9712
	5									1.0000	.9999	.9996	.9987	.9962
	6										1.0000	1.0000	.9999	.9993
8	0	.9920	.9841	.9763	.9607	.9227	.8508	.7837	.6634	.4305	.2725	.1678	.1001	.0576
	1	1.0000	.9999	.9998	.9993	.9973	.9897	.9777	.9428	.8131	.6572	.5033	.3671	.2553
	2		1.0000	1.0000	1.0000	.9999	.9996	.9987	.9942	.9619	.8948	.7969	.6785	.5518
	3					1.0000	1.0000	.9999	.9996	.9950	.9786	.9437	.8862	.8059
	4							1.0000	1.0000	.9996	.9971	.9896	.9727	.9420
	5									1.0000	.9998	.9988	.9958	.9887
	6										1.0000	.9999	.9996	.9987
	7											1.0000	1.0000	.9999
9	0	.9910	.9321	.9733	.9559	.9135	.8337	.7602	.6302	.3874	.2316	.1342	.0751	.0404
	1	1.0000	.9999	.9997	.9991	.9966	.9869	.9718	.9288	.7748	.5995	.4362	.3003	.1960
	2		1.0000	1.000	1.0000	.9999	.9994	.9980	.9916	.9470	.8591	.7382	.6007	.4628
	3					1.0000	1.0000	.9999	.9994	.9917	.9661	.9144	.8343	.7297
	4							1.0000	1.0000	.9991	.9944	.9804	.9511	.9012

续表

n	m	p												
		.001	.002	.003	.005	.01	.02	.03	.05	.10	.15	.20	.25	.30
	5									.9999	.9994	.9969	.9900	.9747
	6									1.0000	1.0000	.9997	.9987	.9957
	7											1.0000	.9999	.9996
	8												1.0000	1.0000
10	0	.9900	.9802	.9704	.9511	.9044	.8171	.7374	.5987	.3487	.1969	.1074	.0563	.0282
	1	1.0000	.9998	.9996	.9989	.9957	.9838	.9655	.9139	.7361	.5443	.3758	.2440	.1493
	2		1.0000	1.0000	1.0000	.9999	.9991	.9972	.9885	.9298	.8202	.6778	.5256	.3828
	3					1.0000	1.0000	.9999	.9990	.9872	.9500	.8791	.7759	.6496
	4							1.0000	.9999	.9984	.9901	.9672	.9219	.8497
	5								1.0000	.9999	.9986	.9936	.9803	.9527
	6									1.0000	.9999	.9991	.9965	.9894
	7										1.0000	.9999	.9996	.9984
	8											1.0000	1.0000	.9999
	9													1.0000
11	0	.9891	.9782	.9675	.9464	.8953	.8007	.7153	.5688	.3138	.1673	.0859	.0422	.0198
	1	.9999	.9998	.9995	.9987	.9948	.9805	.9587	.8981	.6974	.4922	.3221	.1971	.1130
	2	1.0000	1.0000	1.0000	1.0000	.9998	.9988	.9963	.9848	.9104	.7788	.6174	.4552	.3127
	3					1.0000	1.0000	.9998	.9984	.9815	.9306	.8389	.7133	.5696
	4							1.0000	.9999	.9972	.9841	.9496	.8854	.7897
	5								1.0000	.9997	.9973	.9883	.9657	.9218
	6									1.0000	.9997	.9980	.9924	.9784
	7										1.0000	.9998	.9988	.9957
	8											1.0000	.9999	.9994
	9												1.0000	1.0000

续表

n	m	p												
		.001	.002	.003	.005	.01	.02	.03	.05	.10	.15	.20	.25	.30
12	0	.9881	.9763	.9646	.9416	.8864	.7847	.6938	.5404	.2824	.1422	.0687	.0317	.0138
	1	.9999	.9997	.9994	.9984	.9938	.9769	.9514	.8816	.6590	.4435	.2749	.1584	.0850
	2	1.0000	1.0000	1.0000	1.0000	.9998	.9985	.9952	.9804	.8891	.7358	.5583	.3907	.2528
	3					1.0000	.9999	.9997	.9978	.9744	.9078	.7946	.6488	.4925
	4						1.0000	1.0000	.9998	.9957	.9761	.9274	.8424	.7237
	5								1.0000	.9995	.9954	.9806	.9456	.8822
	6									.9999	.9993	.9961	.9857	.9614
	7									1.0000	.9999	.9994	.9972	.9905
	8										1.0000	.9999	.9996	.9983
	9											1.0000	1.0000	.9998
	10													1.0000
13	0	.9871	.9743	.9617	.9369	.8775	.7690	.6730	.5133	.2542	.1209	0.550	.0238	.0097
	1	.9999	.9997	.9993	.9981	.9928	.9730	.9436	.8646	.6213	.3983	.2336	.1267	.0637
	2	1.0000	1.0000	1.0000	1.0000	.9997	.9980	.9938	.9755	.8661	.7296	.5017	.3326	.2025
	3					1.0000	.9999	.9995	.9969	.9658	.9033	.7473	.5843	.4206
	4						1.0000	1.0000	.9997	.9935	.9740	.9009	.7940	.6543
	5								1.0000	.9991	.9947	.9700	.9198	.8346
	6									.9999	.9987	.9930	.9757	.9376
	7									1.0000	.9998	.9988	.9944	.9818
	8										1.0000	.9998	.9990	.9960
	9											1.0000	.9999	.9993

续表

n	m	p=.001	.002	.003	.005	.01	.02	.03	.05	.10	.15	.20	.25	.30
	10												1.0000	.9999
	11													1.0000
14	0	.9861	.9724	.9588	.9322	.8687	.7536	.6528	.4877	.2288	.1028	.0440	.0178	.0068
	1	.9999	.9996	.9992	.9978	.9916	.9690	.9355	.8470	.5846	.3567	.1979	.1010	.0475
	2	1.0000	1.0000	1.0000	1.0000	.9997	.9975	.9923	.9699	.8416	.6479	.4481	.2811	.1608
	3					1.0000	.9999	.9994	.9958	.9559	.8535	.6982	.5213	.3552
	4						1.0000	1.0000	.9996	.9908	.9533	.8702	.7415	.5842
	5								1.0000	.9985	.9885	.9561	.8883	.7805
	6									.9998	.9978	.9884	.9617	.9067
	7									1.0000	.9997	.9976	.9897	.9685
	8										1.0000	.9996	.9978	.9917
	9											1.0000	.9997	.9983
	10												1.0000	.9998
	11													1.0000
15	0	.9851	.9704	.9559	.9276	.8601	.7386	.6333	.4633	.2059	.0874	.0352	.0134	.0047
	1	.9999	.9996	.9991	.9975	.9904	.9647	.9270	.8290	.5490	.3186	.1671	.0802	.0353
	2	1.0000	1.0000	1.0000	.9999	.9996	.9970	.9906	.9638	.8159	.6042	.3980	.2361	.1268
	3				1.0000	1.0000	.9998	.9992	.9945	.9444	.8227	.6482	.4613	.2969
	4						1.0000	.9999	.9994	.9873	.9383	.8358	.6865	.5155
	5							1.0000	.9999	.9978	.9832	.9389	.8516	.7216
	6								1.0000	.9997	.9964	.9819	.9434	.8689
	7									1.0000	.9994	.9958	.9827	.9500
	8										.9999	.9992	.9958	.9848

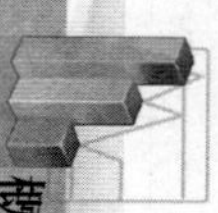

续表

n	m	p: .001	.002	.003	.005	.01	.02	.03	.05	.10	.15	.20	.25	.30
	9										1.0000	.9999	.9992	.9963
	10											1.0000	.9999	.9993
	11												1.0000	.9999
	12													1.0000
16	0	.9841	.9685	.9513	.9229	.8515	.7238	.6143	.4401	.1853	.0743	.0281	.0100	.0033
	1	.9999	.9995	.9989	.9971	.9891	.9601	.9182	.8108	.5147	.2839	.1407	.0635	.0261
	2	1.0000	1.0000	1.0000	.9999	.9995	.9963	.9887	.9571	.7892	.5614	.3518	.1971	.0994
	3				1.0000	1.0000	.9998	.9989	.9930	.9316	.7899	.5981	.4050	.2459
	4						1.0000	.9999	.9991	.9830	.9209	.7982	.6302	.4499
	5							1.0000	.9999	.9967	.9765	.9183	.8103	.6598
	6								1.0000	.9995	.9944	.9733	.9204	.8247
	7									.9999	.9989	.9930	.9729	.9256
	8									1.0000	.9998	.9985	.9925	.9743
	9										1.0000	.9998	.9984	.9929
	10											1.0000	.9997	.9984
	11												1.0000	.9997
	12													1.0000
17	0	.9831	.9665	.9502	.9183	.8429	.7093	.5958	.4181	.1668	.0631	.0225	.0075	.0023
	1	.9999	.9995	.9988	.9968	.9877	.9554	.9091	.7922	.4818	.2525	.1182	.0501	.0193
	2	1.0000	1.0000	1.0000	.9999	.9994	.9956	.9866	.9497	.7618	.5198	.3096	.1637	.0774
	3				1.0000	1.0000	.9997	.9986	.9912	.9174	.7556	.5489	.3530	.2019
	4						1.0000	.9999	.9988	.9779	.9013	.7582	.5739	.3887

续表

n	m	p												
		.001	.002	.003	.005	.01	.02	.03	.05	.10	.15	.20	.25	.30
	5							1.0000	.9999	.9953	.9681	.8943	.7653	.5968
	6								1.0000	.9992	.9917	.9623	.8929	.7752
	7									.9999	.9983	.9891	.9598	.8954
	8									1.0000	.9997	.9974	.9876	.9597
	9										1.0000	.9995	.9969	.9873
	10											.9999	.9994	.9968
	11											1.0000	.9999	.9993
	12												1.0000	.9999
	13													1.0000
18	0	.9822	.9646	.9474	.9137	.8345	.6951	.5780	.3972	.1501	.0536	.0180	.0056	.0016
	1	.9998	.9994	.9987	.9964	.9862	.9505	.8997	.7735	.4503	.2241	.0991	.0395	.0142
	2	1.0000	1.0000	.10000	.9999	.9993	.9948	.9843	.9419	.7338	.4797	.2713	.1353	.0600
	3				1.0000	1.0000	.9996	.9982	.9891	.9018	.7202	.5010	.3057	.1646
	4						1.0000	.9999	.9985	.9718	.8794	.7164	.5187	.3327
	5							1.0000	.9998	.9936	.9581	.8671	.7175	.5344
	6								1.0000	.9988	.9882	.9487	.8610	.7217
	7									.9998	.9973	.9837	.9431	.8593
	8									1.0000	.9995	.9957	.9807	.9404
	9										.9999	.9991	.9946	.9790
	10										1.0000	.9998	.9988	.9939
	11											1.0000	.9998	.9986
	12												1.0000	.9997
	13													1.0000

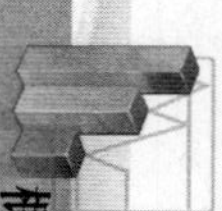

续表

n	m	p												
		.001	.002	.003	.005	.01	.02	.03	.05	.10	.15	.20	.25	.30
19	0	.9812	.9627	.9445	.9092	.8262	.6812	.5606	.3774	.1351	.0456	.0144	.0042	.0011
	1	.9998	.9993	.9985	.9960	.9847	.9454	.8900	.7547	.4203	.1985	.0829	.0310	.0104
	2	1.0000	1.0000	1.0000	.9999	.9991	.9939	.9817	.9335	.7054	.4413	.2369	.1113	.0462
	3				1.0000	1.0000	.9995	.9978	.9868	.8850	.6841	.4551	.2631	.1332
	4						1.0000	.9998	.9980	.9648	.8556	.6733	.4654	.2822
	5							1.0000	.9998	.9914	.9463	.8369	.6678	.4739
	6								1.0000	.9983	.9837	.9324	.8251	.6655
	7									.9997	.9959	.9767	.9225	.8180
	8									1.0000	.9992	.9933	.9713	.9161
	9										.9999	.9984	.9911	.9674
	10										1.0000	.9997	.9977	.9895
	11											1.0000	.9995	.9972
	12												.9999	.9994
	13												1.0000	.9999
	14													1.0000
20	0	.9802	.9608	.9417	.9046	.8179	.6676	.5438	.3585	.1216	.0388	.0115	.0032	.0008
	1	.9998	.9993	.9984	.9955	.9831	.9401	.8802	.7358	.3917	.1756	.0692	.0243	.0076
	2	1.0000	1.0000	1.0000	.9999	.9990	.9929	.9790	.9245	.6769	.4049	.2061	.0913	.0355
	3				1.0000	1.0000	.9994	.9973	.9841	.8670	.6477	.4114	.2252	.1071
	4						1.0000	.9997	.9974	.9568	.8298	.6296	.4148	.2375
	5							1.0000	.9997	.9887	.9327	.8042	.6172	.4164
	6								1.0000	.9976	.9781	.9133	.7858	.6080
	7									.9996	.9941	.9679	.8982	.7723

续表

n	m	p												
		.001	.002	.003	.005	.01	.02	.03	.05	.10	.15	.20	.25	.30
	8									.9999	.9987	.9900	.9591	.8867
	9									1.0000	.9998	.9974	.9861	.9520
	10										1.0000	.9994	.9961	.9829
	11											.9999	.9991	.9949
	12											1.0000	.9998	.9987
	13												1.0000	.9997
	14													1.0000
25	0	.9753	.9512	.9276	.8822	.7778	.6035	.4670	.2774	.0718	.0172	.0038	.0008	.0001
	1	.9997	.9988	.9974	.9931	.9742	.9114	.8280	.6424	.2712	.0931	.0274	.0070	.0016
	2	1.0000	1.0000	.9999	.9997	.9980	.9868	.9620	.8729	.5371	.2537	.0982	.0321	.0090
	3			1.0000	1.0000	.9999	.9986	.9938	.9659	.7636	.4711	.2340	.0962	.0332
	4					1.0000	.9999	.9992	.9928	.9020	.6821	.4207	.2137	.0905
	5						1.0000	.9999	.9988	.9666	.8385	.6167	.3783	.1935
	6							1.0000	.9998	.9905	.9305	.7800	.5611	.3407
	7								1.0000	.9977	.9745	.8909	.7265	.5118
	8									.9995	.9920	.9532	.8506	.6769
	9									.9999	.9979	.9827	.9287	.8106
	10									1.0000	.9995	.9944	.9703	.9022
	11										.9999	.9985	.9893	.9558
	12										1.0000	.9996	.9966	.9825
	13											.9999	.9991	.9940
	14											1.0000	.9998	.9982

续表

n	m	p=.001	.002	.003	.005	.01	.02	.03	.05	.10	.15	.20	.25	.30
	15												1.0000	.9995
	16													.9999
	17													1.0000
30	0	.9704	.9417	.9138	.8604	.7397	.5455	.4010	.2146	.0424	.0076	.0012	.0002	.0000
	1	.9996	.9983	.9963	.9901	.9639	.8795	.7731	.5535	.1837	.0480	.0105	.0020	.0003
	2	1.0000	1.0000	.9999	.9995	.9967	.9783	.9399	.8122	.4114	.1514	.0442	.0106	.0021
	3			1.0000	1.0000	.9998	.9971	.9881	.9392	.6474	.3217	.1227	.0374	.0093
	4					1.0000	.9997	.9982	.9844	.8245	.5245	.2552	.0979	.0302
	5						1.0000	.9998	.9967	.9268	.7106	.4275	.2026	.0766
	6							1.0000	.9994	.9742	.8474	.6070	.3481	.1595
	7								.9999	.9922	.9302	.7608	.5143	.2814
	8								1.0000	.9980	.9722	.8713	.6736	.4315
	9									.9995	.9903	.9389	.8034	.5888
	10									.9999	.9971	.9744	.8943	.7304
	11									1.0000	.9992	.9905	.9493	.8407
	12										.9998	.9969	.9784	.9155
	13										1.0000	.9991	.9918	.9599
	14											.9998	.9973	.9831
	15											.9999	.9992	.9936
	16											1.0000	.9998	.9979
	17												.9999	.9994
	18												1.0000	.9998
	19													1.0000

参 考 文 献

[1] 王梓坤. 概率论基础及其应用[M]. 北京：科学出版社，1986.

[2] 袁荫棠. 概率论与数理统计[M]. 北京：中国人民大学出版社，1990.

[3] 盛骤，谢式千，潘承毅. 概率论与数理统计[M]. 北京：高等教育出版社，2001.

[4] 复旦大学. 概率论基础[M]. 北京：人民教育出版社，1979.

[5] 复旦大学. 数理统计[M]. 北京：人民教育出版社，1979.

[6] 周概容. 概率论与数理统计[M]. 北京：高等教育出版社，1984.

[7] 李永乐，李元正，袁荫棠. 数学复习全书[M]. 北京：国家行政学院出版社，2010.

[8] 陈文灯，黄先开，曹显兵. 考研数学复习指南[M]. 北京：世界图书出版公司，2008.

[9] 北京钢铁学院概率统计编写组. 概率论习题集[M]. 北京：测绘出版社，1981.

[10] 华东师范大学数学系. 概率论与数理统计习题集[M]. 北京：人民教育出版社，1982.

[11] 郑洪深. 数学[M]. 北京：高等教育出版社，1986.

[12] DeGroot M H, Schervish M J. Probability and Statistics[M]. 北京：机械工业出版社，2012.